执着是一种信仰

更是一种姿态

# 未来的你，
## 一定会感谢现在执着的自己

杨根深 著

（鄂）新登字 08 号

**图书在版编目 (CIP) 数据**

未来的你，一定会感谢现在执着的自己 / 杨根深著．
-- 武汉：武汉出版社，2015.9
ISBN 978-7-5430-9347-8

Ⅰ．①未… Ⅱ．①杨… Ⅲ．①成功心理 – 通俗读物
Ⅳ．① B848.4-49

中国版本图书馆 CIP 数据核字（2015）第 164644 号

书名：未来的你，一定会感谢现在执着的自己

| | |
|---|---|
| 著　　者： | 杨根深 |
| 本书策划： | 李异鸣 |
| 责任编辑： | 刘国刚 |
| 特约编辑： | 李婷婷 |
| 封面设计： | 仙境设计 |
| 出　　版： | 武汉出版社 |
| 社　　址： | 武汉市江汉区新华路 490 号　邮　编：430015 |
| 电　　话： | (027)85606403　85600625 |
| http://www.whcbs.com　E-mail：zbs@whcbs.com | |
| 印　　刷： | 北京市文林印务有限公司　经　销：新华书店 |
| 开　　本： | 787mm×1092mm　1/32 |
| 印　　张： | 7.5　　　　　　　　字　数：150 千字 |
| 版　　次： | 2015 年 9 月第 1 版　2015 年 9 月第 1 次印刷 |
| 定　　价： | 32.80 元 |

版权所有・侵权必究
如有质量问题，由承印厂负责调换。

未来的你，一定会感谢现在执着的自己
# 目 录

第一章
心有多大，
舞台就有多大

不断超越现在的自己　　　　　　　002
只有站得高，才能望得远　　　　　006
挖掘自己的核心潜力，经营自身优势　009
克服内心恐惧，解脱心灵束缚　　　012
没有最好的自己，只有更好的自己　016
别说自己不行，就没人能限制你　　019

第二章
心动口动，
永远替代不了行动

心动不如行动，想好了就马上去做　024
比别人多做一点，成功会悄然到来　028
果断行事，优柔寡断只能看着机会溜走　031
只为成功找方法，不为失败找借口　035
做好今天的事，期待明天的进步　　040
不断为自己充电　　　　　　　　　043

## 第三章
### 你无法事事顺利，但可以事事尽力

| | |
|---|---|
| 比智者多一份胆量，比弱者多一份坚强 | 048 |
| 即时激励，时刻告诉自己"我很棒" | 051 |
| 做每件事时加一分自信，等于给人生加一分筹码 | 055 |
| 往最坏处打算，往最好处努力 | 059 |
| 不断尝试，就有可能成功 | 064 |

## 第四章
### 发现自己的天赋，找到自己的出路

| | |
|---|---|
| 不要盲目和别人攀比 | 070 |
| 弄清楚自己最想要的是什么 | 073 |
| 心中专一，有所为而有所不为 | 076 |
| 学会独立思考，才不会被他人左右 | 080 |
| 开发自己的潜能，向着目标前进 | 083 |
| 用发展的眼光看自己 | 087 |

**第五章**
**有一万条苦闷的理由，**
**也要有一颗快乐的心**

| | |
|---|---|
| 活出快乐，拥有好的情绪 | 092 |
| 你无法改变环境，但可以改变心境 | 096 |
| 用平常心去对待身边的一切 | 100 |
| 活在当下，精彩每一天 | 103 |
| 可以失望，但不可以"绝望" | 106 |
| 停止抱怨，保持良好的做事心态 | 109 |

**第六章**
**坚持自己的风格，**
**让别人说去吧**

| | |
|---|---|
| 保持个性，因为独特就是优势 | 116 |
| 保持自我，不要让平庸斩掉你个性的枝叶 | 120 |
| 拥有自己独立的风格 | 125 |
| 激发创造潜能，将你的能力无限放大 | 130 |
| 不要随便打破自己的底线 | 134 |
| 不要活在别人的价值观里 | 139 |

**第七章**

**不争一时之长短，不计眼前得失**

| | |
|---|---|
| 要有长远的眼光和目标 | 144 |
| 跌倒了，再爬起来 | 147 |
| 学会在夹缝中求生存 | 150 |
| 不被小利益所诱惑 | 154 |
| 在哪里跌倒，就在哪里爬起来 | 158 |
| 名利是过眼烟云，得不喜失不忧 | 163 |

**第八章**

**可以一无所有，但不能失去自信**

| | |
|---|---|
| 不在错误中懊悔，而要在错误中成长 | 168 |
| 不要因为过去的灰色而否定未来的光明 | 171 |
| 保护你的信念，不要让它被挫折所淡化 | 175 |
| 一息若存，希望不灭 | 178 |
| 用信念的火种点亮人生 | 182 |
| 照亮一生的不是电灯，而是信心 | 186 |

**第九章**
**没有今日的付出，难有日后的享受**

| | |
|---|---|
| 知本时代，要学会不断充实自己 | 192 |
| 必须舍得下苦功夫 | 195 |
| 不怕你不会，就怕你不学 | 198 |
| 再坚持一下，再尝试一次 | 201 |
| 做事情要尽职尽责 | 204 |
| 每天多做一点点 | 208 |

**第十章**
**突破自我极限，遇见未知的自己**

| | |
|---|---|
| 用意志力驱使自己不断前进 | 212 |
| 消灭"差不多"，认真对待每件事 | 216 |
| 明天的你要比今天更强 | 219 |
| 树立危机意识，催促自己前行 | 222 |
| 力不从心时，不妨冥想一下你的愿景 | 224 |
| 否定当下的自己，在挑战极限中实现超越 | 227 |

第一章

心有多大,
舞台就有多大

## 不断超越现在的自己

当你感到疲倦感到希望渺茫的时候,请不要放弃。要告诫自己,不要在这一刻放纵自己。请坚持下来,即使没有昨天那样昂扬的激情,也要继续如昨天那样踏实地努力。随着你不断地努力,当你再一次感到振奋而充满希望时,你就又一次超越了自己,又一次拉近了与成功的距离。

有人说,在成功的道路上,每个人都是一座山。世上最难攀越的山,其实是自己。不断往上走,即便只是一小步,也能到达新的高度。超越竞争者是一种能力,超越自己更是一种精神。迈向成功就像登山,也许峰顶的目标看起来高不可攀,但每向前一步,距离目标就更近一步。不要去攀比其他的登山者,只要踏踏实实地走好自己的路,真诚地付出努力,那么每一步都是一个胜利的超越，都是对自己此前纪录的刷新。

聪明的约翰自诩是个聪明人，但他一生业绩平平，没能成就任何一件大事。而自觉很笨的汤姆却从各个方面充实自己，一点点地超越着自我，最终成就了非凡的业绩。

约翰愤愤不平，以致郁郁而终。他的灵魂飞到天堂后，质问上帝："我的聪明才智远远超过汤姆，我应该比他更伟大才是，可为什么你却让他成了人间的卓越者呢？"

上帝笑了笑说："可怜的约翰啊，你至死都没能弄明白：我把每个人送到世上，在他生命的'褡裢'里都放了同样的东西，只不过我把你的聪明放到了'褡裢'的前面，你因为看到或是触摸到自己的聪明而沾沾自喜，以致误了你的终生。而汤姆的聪明却被放在了'褡裢'的后面，他因看不到自己的聪明，便总是在仰头看着前方，所以，他一生都在不自觉地迈步向前。"

的确，只有抬头向前，不断地超越自己，才能获得成功。而生命的价值正在于不断地超越自己，只有不断地超越自己，才能保持饱满的精神状态，迎接新的挑战；只有不断地超越自己，才能让明天更美好；只有不断地超越自己，才能让生命越来越有价值。超越自己，就是不断地扬弃，不断地创新，不断地跨越，不断地延伸，不断地否定自己，认识自己，向自己挑战。

在日本一个趣味竞赛节目中，有一次大食王比赛，一位其貌不扬的三届女冠军，用骄傲的眼神看着与自己竞争的伙伴，她认为他们不够认真,因为他们试图保存实力。

在最后一关时,她的成绩已经遥遥领先了,但她依旧无视旁人的存在,继续按自己的节奏吃下去。

"我是向自己的极限挑战。"她一语道破自己的成功秘诀。

人就是要不断地提升自己,不断地超越自己,朝着更好更高的目标不断努力。其实,有些人不敢超越自己,是因为他们有自卑心理。他们觉得,自己比别人出身差,比别人运气差,比别人智商低……于是,不敢超越自己的人就在自卑的心理状态下更加不敢向前,更别提超越自己了。而许多杰出人士在小小年纪时,就怀有大志,就想与众不同,无论出身有多卑微,无论遭遇过怎样的磨难,仍相信自己是最好的。

所以,你要明白这样的道理,你的自信有多强,你的路就有多长。不要左顾右盼别人路上的风光,增添自己的烦恼,扰乱自己前进的步伐。在人生的道路上,我们一定要专注于自己,不断地把自己作为超越的对象,这样,才能一步步迈向成功。

英国作家约翰·克莱斯可以说是全世界数一数二的多产作家。他一共出过564部小说,如果以一年出10本来算,他花了将近五六十年的时间在写小说。

出了那么多书,你可能会以为他是百战百胜的作家,那你就错了,他曾经被退稿达七百多次。但是他每一次被退稿后,都能坚持继续超越自己。

其实，人生在世，每个人都有自己独特的禀性和天赋，每个人都有自己独特的实现人生价值的切入点。你只要按照自己的禀赋发展，不断地破解心灵的枷锁，就不会忽略了生命中的太阳，而湮没在他人的光辉里。

所以，每一个年轻人都应该记住这个真理，只有不断超越自我的人，才能成为真正成功的人。

## 只有站得高，才能望得远

爬山时，只有登上峰顶才能欣赏到最美丽的风景，站得高，才能望得远。而在人生的旅途上，也同样要站得高，才能望得远。因此，在我们的人生规划中，一定要树立远大的目标，这样我们才有前进的动力，才能成就人生的辉煌。

我们都知道练功之人可以用手掌砍断木板。据他们讲，事实上，多则几天，少则几分钟，大多数普通人都可以练成这样的"绝技"。

这是为什么呢？其实道理也很简单。当你准备劈木板时，眼睛肯定是盯着木板的上面，那么当手掌与木板接触时，掌力已经是强弩之末。而假如眼睛盯的是木板后面半尺的地方，当手掌劈到木板时，正好是力量达到峰值，因为你的目标还在半尺之外，所以，手掌会穿越木板的阻碍。

可见，把目标定得稍微远一点，就可能做出让人惊讶的业绩。人与人之间的差别，从表面特征上看，差别不是很大。而之所以有的人能取得非凡的成就，很关键的一个原因就是目标的设定——它必定会激励你不断向前。

高目标能使我们充分地发挥自身的潜能，把不可能的变为可能。可以说，目标越高远，人生的成就就越大。

很多人都有这样的体会，当确定只走十千米的路程时，走到七八千米处便会因松懈而感到劳累，因为目标快到了。但如果要求走二十千米，那么，在七八千米处则正是斗志昂扬之时。所以说，远大的目标才能产生更大的动力，才可以追求更大的成功。

有两只相貌丑陋的小鸭子在苇塘边，其中一只黑鸭子不停地振翅欲飞，它飞起来又跌下去，飞起来又跌下去，就这样不停地飞飞跌跌好多次，始终还是没能飞起来，而且还摔得遍体鳞伤。

白鸭子说："别飞了，我们是鸭子，不可能像天鹅一样飞起来的。"

但是黑鸭子始终不认同白鸭子的说法，它就这样每天不断地练习着。终于有一天，它飞上了天空，而白鸭子的翅膀由于经常不用，早已萎缩了。

白鸭子对同类说："你们看，那只鸭子是我的朋友。"同类们大笑："你疯了，那是只黑天鹅。"

这个小故事告诉我们一个深刻的道理：成功，在于树立一个远大的目标，沿着自己设定的方向不断进取，就能最终实现目标。如果那只黑鸭子没有飞向蓝天的远大目标，它就会和白鸭子一样，只能仰望蓝天羡慕天鹅。

生活总是给有梦想的人提供努力的机会和进步的空间。拥有远大目标，坚持不懈、永不停息的人才能成为最后的成功者。

站得高，树立远大的人生目标反映了人们对美好未来的向往和追求。远大的奋斗目标是人的力量源泉和精神支柱，一个人如果没有树立远大的目标，就会失去精神动力，当然也就不可能成为高素质的优秀人才。

远大的目标能吸引人为实现它而努力奋斗。每当你懈怠、懒惰的时候，它犹如清晨的闹钟，将你从睡梦中唤醒；每当你感到疲惫、步履沉重的时候，它就像沙漠中的绿洲，让你看到希望；每当你遇到挫折、心情沮丧的时候，它又如破晓的朝日，驱散你内心的阴霾。在人生目标的指引下，人们能不断地激励自己，获得精神上的力量，焕发出超强的斗志。即使最终不能实现目标，即使困难没有被完全克服，但也能收获信心和经验，当再次面对困难时，我们不仅有勇气和信心，也有能力和方法去面对和解决。

总之，只有站得高，才能望得远。能实现远大目标的人，既是一个成功者，也是个幸福者。

## 挖掘自己的核心潜力，经营自身优势

俗话说得好，尺有所短，寸有所长。人的精力和能量是有限的，我们不可能做到最广，但我们可以做到最精。学会发掘自我的核心优势，并把它发展到最精，然后通过团体合作，这样才能有所成就。

很多年轻人都难免陷入这样一个误区：总是看到别人的优点，而看不到自己的闪光点。习惯于拿别人的长处来比较自己的短处，这样不但让自己灰心丧气，失去信心，而且也让自己的才华在还没发光的时候就被埋没掉了。

事实上，任何一个人都不是全能的，每个人的特点都是不同的，他人的路线或许并不适合你走，如果强行模仿，反而会浪费时间，无所收获。你应该做的是，动脑筋想想自己的核心优势是什么，从什么地方着手更能发挥自己的优势。只有这样，才能在付出最少汗水的基础上取得最多的成绩，这才是聪明人的选择。

下面我们来看一下快餐大王亨德里的故事：

亨德里没有显赫的家庭背景。他来自于一个普通的工人家庭，父亲开了一家小小的快餐店，生意一般，仅仅够维持一家的生计。

高中毕业以后，亨德里的家庭没有额外的钱再支持他读大学了，于是他放弃了读书，打算找一份工作给家庭提供一些经济支援。然而，仅仅高中毕业的他想找一份好工作是很困难的。他没有丰厚的知识基础，没有帅气的外表，甚至连说话技巧也没有多少。但是他并没有放弃寻找自己的未来，他左思右想自己的实际情况，试图为未来寻找一条新路。

有一天，他突然想到，自己手上还有一张祖上留传下来的制造可口快餐的秘方，由于配料复杂，成本很高，父亲一直没有把它应用在快餐店中。从小受快餐店影响的亨德里在快餐烹制上有一定的基础，他觉得这是他可以利用的优势，如果能找到一个合作伙伴，为自己提供一定的场所和烹制成本，那么双方都可以得益，而他也可以实现自我价值。

于是，亨德里立刻开始行动，他坚信可以利用自己的优势赢得人生的成功。

不到两年，亨德里经营的快餐厅就赢得了当地人的青睐。当同龄人还在读书的时候，他已经成了好几个连锁快餐店的老板。

故事中的主人公亨德里没有过人的智慧，也没有卓越的天赋，然而他却有一双自我发掘的眼睛，他能够发掘出自我的核心优势，并及时加以利用，在最短的时间内获得了最大的成功。

俗话说，金无足赤，人无完人，如果要求自己面面俱到，最后反而会落得一事无成的下场。如今的社会更多的是需要专才，任何一个人如果能做到在一个小领域内属于拔尖人才，那么他就是成功的人。

你要明白，大自然中的各种生物也因为各自利用所长，才能生存下去。鸟儿利用它的翅膀和轻盈才能翱翔天空，鱼儿利用它的善水和光滑才能遨游江海。如果非得让鱼如鸟儿般飞翔，令鸟儿如鱼般遨游，使它们抛弃自己的所长，成为生存竞争中优胜劣汰的牺牲品，那么世界上恐怕也没有如此之多的物种了。

对你来说，也同样如此。你要学会挖掘自己的潜力，经营自己的优势，也应该选择自己擅长的工作。只有学会扬长避短，扬优抑劣，把自己的长处发挥得淋漓尽致，才能成长得更快更好，让宝贵的人生大放光彩。

## 克服内心恐惧，解脱心灵束缚

按照英国神学家詹姆士·里德的说法，"许多恐惧都是来自我们对生活于其中的世界的不理解，来自这个世界对我们的控制。为了获得完满的人生，我们需要做的第一件事就是去获得控制恐惧的力量。"

非洲大陆上，犀牛见了狮子狂逃不止，最后还是不幸被狮子捕获，咬断脖子而亡，成为狮子的美味。

印度热带丛林中，一只小耗子面对一条二三米长的毒蛇，不仅没逃，反而直勾勾地盯着蛇看。蛇缓缓地爬向它，宣告它死亡的迫近。如果让你猜猜它们谁能获胜，你一定会回答是蛇，因为蛇是耗子的天敌。但是你错了。

耗子冲上去，对着庞大的蛇体一口咬下。蛇痛得左摇右摆，耗子小小的身躯被甩来甩去，就是不松口。蛇越摆幅度越大，越摆动作越急，最后，渐渐无力，直至一动不动。两种不同的结果可以让我们想到，自然界本不存在什么天敌，只是智勇者胜。

反过来想一下，如果犀牛不是畏惧而逃，如果耗子没有咬蛇一口，那么将是一种怎样的结果呢？也许犀牛会将狮子置于死地，蛇会吞掉耗子。

人和动物一样，都会在某种情形下产生恐惧心理。所谓恐惧心理，是指在真实或想象的危险中，个人或群体深刻感受到的一种强烈而压抑的情感状态。具体表现为神经高度紧张，内心害怕，注意力无法集中，脑子里一片空白，不能正确地判断或控制自己的举止，容易变得冲动。

恐惧会剥夺人的幸福与能力，使人变为懦夫；恐惧使人失败，使人流于卑贱。恐惧能摧残一个人的意志和生命，能影响人的身体、伤害人的修养、减少人的活力，进而破坏人的身体健康。它能打破人的希望、消磨人的志气，使人的心力"衰弱"至不能创造或从事任何事业。

恐惧能摧残人的创造精神，泯灭一个人的个性而使人的精神机能衰弱。人一旦心怀恐惧的心理、不祥的预感，那么做什么事都很难有效率。恐惧代表和指示着人的自卑与胆怯，从古到今，它都是人类最可怕的敌人，是人类文明的破坏者。

恐惧来源于人类自身对事物的不了解、不确定，它会使我们丧失正确处理事情的时机。面对危险和困惑，我们该如何找出合理解决问题的机会呢？

首先，通过提高对事物的认知能力，扩大自己的认知视野，判定恐惧源。认识客观世界的某些规律，认识人自身的需要和客观规律之间的关系，确立正确的目标，提高预见力，对可能发生的各种变故做好充分的思想准备，这样就会增强自身的心理承受能力以及对恐惧的免疫能力。

其次，要培养乐观的人生情趣和坚强的意志，通过学习英雄人物的事迹，用英雄人物勇敢顽强的精神激励自己。在平时的工作和生活中有意识地磨炼自己，培养勇敢顽强的作风。这样，即使真正陷入危险情境，也不会变得惊慌失措，而是可以沉着冷静，机智应付。

再次，平时要积极参加心理训练，提高各项心理素质。比如，进行模拟训练，设置各种可能遇到的情况，进行有针对性的训练，形成对危险情境的预期，这样就能有效地战胜紧张和不安等不良情绪，提高心理适应能力和平衡性，增强信心和勇气，以无畏的精神克服恐惧心理。

另外，向你信任的人讲出你的问题。很多时候，朋友的理解和劝慰是非常有效的融化剂。还要培养对工作的兴趣，用忙碌来消除忧虑。要让自己明白，不管昨天和明天有多么糟糕，过好今天是最重要的。要明白消极和不满对身体很不利，而且大部分的烦恼是头脑中无端空想的产物，只要有了积极上进的思想，就会有无穷的力量战胜恐惧。

我们要鼓足勇气，打开束缚我们的绳索，努力战胜恐惧心理，让自己快乐地过好每一天。

## 没有最好的自己，只有更好的自己

人生的志向并不是超越别人，而是超越自己。可以说，一个人追求的目标越高，他的才智就发展得越快，对社会就越有益。在竞争日益激烈的现代社会，要想做一个常胜将军，秘诀只有一条，那就是随时思考、改进自己。

我们现在所处的时代，不仅要求你做好本职工作，更重要的是，还希望你随时去思考，运用你的判断力，以组织利益为前提采取行动。身处当今时代，我们要时刻提醒自己，任何工作都有"更进一步"的可能。

坚定不移的积极心态是化思考为力量的源泉，是突破自我限制、创造人生新境界的原动力。有了积极的心态，就等于为自己的人生点亮了一盏成功的心灯。

纳迪亚·科马内奇是第一个在奥运会上赢得满分的体操选手。

在接受记者采访的时候,纳迪亚·科马内奇说:"我总是告诉自己'我能够做得更好',不断鞭策自己更上一层楼。要拿下奥运金牌,就要比其他人更努力才行。我有自创的人生哲学,那就是'别指望一帆风顺的生命历程,而是应该期盼成为坚强的人'。"

爱默生说:"自信是成功的第一秘诀。"自信能够产生一种巨大的力量,它的确能推动我们走向成功。

美国学者查尔斯12岁时,在一个细雨霏霏的星期天下午,他在纸上胡乱涂画,画了一幅加菲猫的画,是当时大家所喜欢的喜剧连环画上的角色。他把画拿给了父亲,但是这样做有点鲁莽,因为每到星期天下午,父亲就拿着一大堆阅读材料和一袋无花果独自关上门去忙他的事,不喜欢有人打扰。

但这个星期天下午,父亲却把报纸放到一边,仔细地看着这幅画,说:"棒极了,查尔斯,这画是你自己画的吗?"

"是的。"父亲认真打量着画,点着头表示赞赏,查尔斯在一边激动得全身发抖。在这之前父亲很少鼓励他们五兄妹。

看完后,他把画还给查尔斯,说:"你在绘画上很有天赋,坚持下去!"从那天起,查尔斯看见什么就画什么,把练习本都画满了,对老师所教的东西却毫不在乎。

父亲不在家的日子里,查尔斯时常给父亲寄去一些他认为可以吸引父亲的素描画并盼望着回信。父亲很少写信,但当他回信时，其中的任何表扬都能让查尔斯兴奋几个星期，他相信自己将来一定会有所成就。

在美国经济大萧条那段最困难的时期，父亲去世了。除了福利金，查尔斯没有别的经济收入。17岁时，他只好离开学校。受到父亲生前鼓励的他画了三幅画，画的都是多伦多枫乐曲棍球队里声名大噪的"少年队员"，并且在没有约定的情况下，他把画给了当时多伦多《环球邮政报》的体育编辑迈克·洛登。第二天，迈克·洛登便雇用了查尔斯。

在以后的四年里，查尔斯每天都给《环球邮政报》体育版画一幅画。那是查尔斯的第一份工作。以后，他的成就越来越大。可以说，正是父亲的鼓励给他带来了自信，成就了查尔斯的事业。

能否在工作中做出傲人的成绩，还取决于你的看法。对于工作，没有最好，只有更好。在人生路上也是一样，没有最好的自己，只有更好的自己，凡事都要追求更好的，不应满足于现状。

在追求个人进步方面，只有不知足，才能到达一个新高度，进入一种新境界。永不满足已有的成就，以最大的热情去获取更大的成功，不断给自己加压，不断给自己创造成功的机会，才能使自己的生命之车驶至尽可能远的奇境。

所以说，人应该不断追求，不能因为现在的一切都很稳定，就满足了。"最好"是无止境的，任何时候都要想到"更好"。

## 别说自己不行,就没人能限制你

别说自己不行,只要相信某一件事可以做成,就会将我们各种创造性的能力发挥出来。反之,总是说自己不行,就等于关闭了我们创造性解决问题的心智,不但会阻碍发挥创造性的能力,同时还将破灭我们的理想。

心有多大,舞台就有多大。如果连自己都不相信自己,别人该如何相信你?所以,不要轻易说自己不行,只要矢志不渝地奋斗,还有谁能限制你施展能力的舞台呢?

戴尔·卡耐基在实践了一段时间推销教学课程的工作之后,想再找一份推销员的工作。他换上崭新的衬衫,认认真真地打好领结,把皮夹克刷得干干净净,擦亮皮鞋,信心十足地走进了阿摩尔总公司的办事处。

阿摩尔公司的总裁海瑞斯是一个典型的美国西部老人,行动迟缓,似乎与做事雷厉风行、干净利落的卡耐基格格不入,但是他工作的认真精神正是戴尔所钦佩的。

"年轻人,我不管你以前干过什么工作,但是在我这里你必须接受一个月的职前训练。"海瑞斯两道深邃的目光审视地看了卡耐基一眼,他对这个精神抖擞的年轻人印象不错。

"但是,先生……"

"没有什么但是,从明天起,你一周的薪水是17美元31美分,开始推销时外加食宿及旅费。"海瑞斯以不容置疑的口吻显示出他认真工作时的非凡魄力。

"抱歉,先生,我宁愿另寻他处。"戴尔尽管急需一份工作,但年轻人的血气方刚似乎不能容忍海瑞斯这种独断专行的指令方式。他一边说着话,一边转身准备离开办事处。

"等一等,年轻人!"不知是出于什么原因,海瑞斯扔掉烟头站起来挽留戴尔。凭直觉,他感到这个年轻人一定能成长为出色的推销员,便语气温和地说:"年轻人,不,戴尔先生,我不得不告诉你,通常到我公司的求职者只能按我的旨意行事,但这次我破例,愿意先听听你的意见。坐下来谈吧。"

戴尔猛然觉得自己刚才太无礼,冲撞了好心的海瑞斯。实际上,这样的薪资在当时已经是相当不错的待遇了。

戴尔解释了他离开的原因。原来，一个月的职前培训不符合他的工作风格，他希望能立即投入工作，不想耽误一分钟。

海瑞斯听完戴尔的解释，看着这个瘦弱的年轻人，一丝钦佩之情油然而生，从心里感到这个年轻人有点与众不同。

海瑞斯犹豫了许久，反复考虑着他诚恳的建议，最后提起笔，迅速写下一行连体字，递给戴尔："戴尔·卡耐基，南达克达区西部。"这就意味着戴尔凭借着自信说服了海瑞斯，找到了工作。

戴尔的自信影响了海瑞斯对他的看法，为自己争取了时间和机会。试想，如果当时戴尔在提出要求的时候犹犹豫豫，海瑞斯还能给他这样的信任吗？很多事情就是这样，别说自己不行，相信自己，别人也会相信你。反之，如果你对自己的能力都不信任，谁还能放心把任务交给你呢？

成功者的做法是：大声告诉自己和他人"我行！"然后，找出把事情做得更好的方法，这才是将事情做成的保证。这不需要具有超人的智慧，重要的是要相信能把事情做成，要有这种信念。当我们相信某一件事不可能做到的时候，大脑就会为我们找出各种做不到的理由。但是，当我们真正地相信，某一件事确实可以做到时，大脑就会帮我们找出各种解决的方法。

总之，心态决定了我们的能力。我们认为自己能做多少，就真的能做多少。如果我们真的相信自己能做得更多,我们就能创造性地思考出各种方法。要知道,拒绝新的挑战是非常愚蠢的行为。我们要集中心思于怎样才可以做得更多,这样,许多富有创造性的答案都会不期而至。

# 第二章

## 心动口动,永远替代不了行动

## 心动不如行动，想好了就马上去做

一个成功者，要想获得持续的成功，就得积极行动。成功是没有终点的，就像旅程中的一个个过程，必须一站一站往前走，一旦停在原地，不再去努力，不再全力付诸行动，成功的列车就会把你甩得远远的。

有这样一个故事相信大家都不会陌生：

有两个和尚，一个很贫穷，一个很富有。

有一天，穷和尚对富和尚说："我打算去一趟南海，你觉得怎么样呢？"

富和尚不敢相信自己的耳朵，认真地打量了一番穷和尚，禁不住大笑起来。

穷和尚莫名其妙地问："怎么了？"

富和尚问:"我没有听错吧!你也想去南海?你凭借什么东西去南海啊?"

穷和尚说:"一个水瓶、一个饭钵就足够了。"

富和尚大笑,说:"去南海来回要好几千里路,路上的艰难险阻多得很,可不是闹着玩儿的。我几年前就准备去南海的,等我准备充足了粮食、药品、用具,再买上一条大船,找几个水手和保镖,就可以去了。而你仅凭一个水瓶、一个饭钵怎么可能去南海呢?还是算了吧,别做白日梦了。"

穷和尚不再与富和尚争执,第二天只身踏上了去南海的路。他遇到有水的地方就盛上一瓶水,遇到有人家的地方就去化斋,一路上尝尽了各种艰难困苦,很多次,他都被饿晕、冻僵、摔倒。但是,他一点儿也没想到过放弃,始终向着南海前进。

很快,一年过去了,穷和尚终于到达了梦想的圣地——南海。

两年后,穷和尚从南海归来,还是带着一个水瓶、一个饭钵。由于在南海学习了许多知识,穷和尚回到寺庙后成为一个德高望重的人,而那个富和尚还在为去南海做着各种准备工作。

思维决定行动。一个人如果不善于采取行动,他是很难有所作为的。"说一尺不如行一寸。"任何希望、任何计划最终必然要落实到行动上。要知道,只有行动才能缩短自己与目标之间的距离,只有行动才能把理想变为现实。做好每件事,既要心动,更要行动,只会感动羡慕,不去流汗行动,成功就是一句空话。

小李与小刘都是很有想法并富有创造力的人。他们同时进了一家公司，在不同的分公司工作。

一年后，在进行工作总结时，两人却受到了不同的待遇。小刘因为成绩突出受到了高度赞扬，小李却因为业绩平平受到了批评。

其实，刚进公司时，小李给大家留下的印象更好一些。因为他的脑子比小刘更灵活，思维更敏捷，学识更广博，但为什么到头来做得却不如小刘好呢？

人事部的领导对两位员工进行了研究分析后发现，一年来，两人都想把自己的创造性贡献给公司，也都很努力。唯一的区别是，小刘有了一个好的想法就会立即行动起来，即使实现这一想法的条件尚不具备、会遇到困难，他也会毫不犹豫地去做。而小李尽管脑子里有很多想法，但总是停留在构思阶段，或者一与现实结合，遇到条件不具备等情况时，他就立刻放弃。这样一来，尽管好想法不少，却没有一个付诸实践。

有人说，拖延能偷走行动，但是积极的行动则能将其制伏。

当你准备做一件事时，拖延会对你说："明天再干吧！"这时，你要马上提醒自己："今天能做的事，决不能拖到明天。因为这个明天遥遥无期，会变成明天的明天，永远不会来临。"

当你面临困难和挫折时，拖延会找出许多理由让你停下来。这时，你要马上提醒自己："成功不会等待任何人，我如果犹豫不决，它就会跟别人走，永远弃我而去。"

当别人埋头苦干时,拖延会引诱你袖手旁观,吹毛求疵。这时,你要提醒自己:"立即行动,马上动手,决不用评说别人来掩饰自己的无所作为。"

"立即行动"是自我激励的警句,是自我发动的信号,它能使你勇敢地驱走拖延,帮你抓住宝贵的时间去做你不想做而又必须做的事。

总之,世上没有任何事情比下决心、立即行动更为重要,更有效果。因为人的一生,可以有所作为的时机只有一次,那就是现在。

## 比别人多做一点,成功会悄然到来

付出多少,得到多少。也许你的投入无法立刻得到相应的回报,但不要气馁,继续多付出一点,这样,回报可能会在不经意间,以出人意料的方式出现。

在工作或生活中,我们总是渴望成功。可是,在竞争激烈的今天,别人不比我们笨,我们也未必比别人聪明,那么我们凭什么会成功?答案是:多做一点。

一个成功的推销员用一句话总结了他的经验:"你要想比别人优秀,就必须坚持每天比别人多拜访5个客户。"

"比别人多做一点"是无数卓越人士和组织极力秉承的理念和价值观,被许多著名企业奉为圭臬。"比别人多做一点"是指:在工作中,要比别人"看得更远一点、做得更多一点、动力更足一点、速度更快一点、坚持的时间更久一点"。它体现的是一种勤奋、主动的精神，一种坚忍不拔、永不放弃的意志，一种行动迅速、做事准确的能力。在现代社会中，我们需要的正是这种人：他们不仅能很好地完成分内的事，还会想尽办法比别人多做一点。

我们都是世间的凡夫俗子，只要耐心播种"一方桃李"，必会收获"满园春色"，但关键在于你是否"比别人多做了一点"。

当亨利·瑞蒙德在美国《论坛报》做责任编辑时，刚开始时他一星期只能挣到可怜的6美元，但他仍然每天平均工作13至14个小时。他曾在日记中这样写道："为了收获成功的机会，我必须比其他人更扎实地工作。""当我的伙伴们在剧院时，我必须在房间里；当他们在熟睡时，我必须在学习。"后来，他成了美国《时代周刊》的总编。

美国著名出版商乔治·齐兹12岁时，便到费城一家书店当营业员。他工作勤奋，而且常常积极主动地做一些分外事。他说："我并不仅仅只做我分内的工作，而是努力去做我力所能及的一切工作，并且是一心一意地去做。我想让老板承认，我是一个比他想象中更加有用的人。"

当你多做了一点小事时，从乏味的工作中你可以体会到一种愉悦，这种快乐不是任何辞藻所能形容的，它只属于你自己。假如我们能保持"每天多做一点"的工作态度，便可以从工作中脱颖而出。

卡洛·道尼斯先生最初为杜兰特工作时，职务很低，后来却成为杜兰特先生的左膀右臂，担任其下属一家公司的总裁。他之所以能如此快速地升迁，秘密就在于"每天多做一点"。

他平静而简短地道出了其中的缘由："在为杜兰特先生工作之初，我就注意到，每天下班后，所有的人都回家了，杜兰特先生仍然会留在办公室里继续工作到很晚。因此，我决定下班后也留在办公室里。是的，的确没有人要求我这样做，但我认为自己应该留下来，在需要时为杜兰特先生提供一些帮助。"

"在工作时，杜兰特先生经常找文件、打印材料，最初这些工作都是他自己亲自来做。很快，他就发现我随时在等待他的召唤，并且逐渐养成招呼我的习惯……"

"比别人多做一点"有时是一种勇气，是一种智慧，也是走向成功的一条准则。多做一点，我们就离卓越更近一点。人生没有可供你驻足的港口，自我本身永远是一个出发点。无论何时何地，只要创造就会有收获。也许你的投入无法立刻得到相应的回报，请不要气馁，一如既往地"比别人多做一点"，这样，回报可能会在不经意间到来。

我们要记住，只要树立自强不息的进取精神，才能证明生命的存在；只要我们在平凡的岗位上坚持"每天多做一点"，就将置身于"柳暗花明又一村"的境界。

## 果断行事，优柔寡断只能看着机会溜走

实际上，与行动相比，树立目标是很容易的，难的是付诸行动。树立目标可以坐下来用脑子去想，实现目标却需要扎实的行动。如果不化目标为行动，那么所确定的目标就毫无意义。

犹豫不决的人总是在等待着所谓的好的时机。这些人缺乏的就是马上开始的决心。他们总是在应该说"我现在就去做，马上开始"的时候，却说"我将来有一天会开始去做"。

其实，一次行动胜过百遍的胡思乱想。梦想是成大事者的起跑线，决心则是起跑时的枪声，行动犹如跑者全力地前进，唯有坚持到最后一秒，方能获得成功。

哥伦布还在求学的时候，偶然间读到了一本毕达哥拉斯的著作，从而得知地球是圆的，他就牢记在脑子里。

而在经过很长时间的思索与研究以后,他大胆地提出,如果地球真是圆的,他便可以经过极短的路程而到达印度了。自然,许多大学教授和哲学家们都耻笑他的想法。

其他人对他所说的也不赞同,而且还告诉他:地球不是圆的,而是平的。然后又警告道,要是一直向西航行,他的船就有可能会驶到地球的边缘而掉下去……这不是等于走上自杀之路吗?

然而,哥伦布在这个时候并没有因为其他人对自己的看法而放弃已有的推论,因为他对这个问题很有信心。只可惜他家境贫寒,没有足够的资金让他实现这个理想。他想从别人那儿得到一点钱,以帮助自己,但是一连空等了17年,还是没能成行。最后,他决定要亲自展开行动,不能再空等下去。于是,他启程去见皇后伊莎贝露。当他向皇后叙述这件事的时候,皇后非常赞赏他的理想,并答应赐给他船只和物资。

如果哥伦布还像以前一样再等下去,一定会终生蹉跎,美洲大陆的发现者可能就改换他人了,成大事者的桂冠永远不会属于哥伦布。而哥伦布最终成了英雄,并从美洲带回了大量的黄金珠宝,以新大陆的发现者而名垂千古。他能够有这样的成就,可以说与他当初果断行动是分不开的。

许多人都确定了自己的人生目标,但是,有相当多的人在确定了目标之后,便把目标束之高阁,没有投入到实际行动中去,结果到头来仍然是一事无成。

目标已经确定好了,就不能有一丝一毫的犹豫,而要坚决地投入行动。观望、徘徊或者畏缩都会使你延误时间,使计划化为泡影。

曾经,有两个朋友相伴一起去遥远的地方寻找人生的幸福和快乐。他们一路上风餐露宿,在即将到达目的地的时候,遇到了风急浪高的大海,而海的彼岸就是幸福和快乐的天堂。关于如何渡过大海,两个人有不同的意见,一个建议采伐附近的树木造成一条木船渡过海,另一个则认为无论哪种办法都不可能渡过大海,与其自寻烦恼,还不如等海水流干了,再轻轻松松地走过去。

于是,建议造船的人每天砍伐树木,辛苦而积极地制造船只,并顺便学会了游泳;而另一个人则每天躺下休息睡觉,然后到海边观察海水流干了没有。直到有一天,已经造好船的人准备扬帆出海的时候,另一个人还在讥笑他的愚蠢。

不过,造船的人并不生气,临走前只对他的朋友说了一句话:"去做一件事不见得能成功,但不去做则一定没有机会获得成功!"

不可否认,每天可能都会有几千人把自己辛苦得来的新构想淘汰或埋葬,因为他们没有付诸行动,无法摆脱自己的优柔寡断。可是，果断是人生中的一张关键牌，所以，无论做什么事情，我们都不要犹豫不决，而要果断地采取行动。如果决定了要做一件事，那么就要将过去的一切统统抛开，不要瞻前顾后。果断地迈出第一步，行动起来，否则机会就会转瞬即逝。

## 只为成功找方法,不为失败找借口

"借口"是一种毒素,它腐蚀人们的思想,使人懒散而不思进取。一旦养成了找借口的习惯,工作就会拖沓、效率低下。抛弃找借口的习惯,就不再会为工作中出现的问题而沮丧,只会在工作中学到大量解决问题的技巧。这样,借口就会越来越远,而成功就会越来越近。

在现实生活与工作中,你是否经常被各种应接不暇的问题弄得焦头烂额呢?你是否在面对问题的时候觉得进退维谷、束手无策呢?此时,你千万不能只坐在那里盯着问题发呆或是置之不理,而应该积极地去思考解决问题的方法。

正所谓世上无难事,只怕有心人。只要你努力地去想办法,相信问题一定能有其解决之道。

一天，一家酒店遇到了一个非常棘手的问题。原来，住在酒店里的一位外国客人非常喜爱北京的风土人情，就租了一辆人力三轮车去北京的胡同游玩。

当外国客人在外面转悠了半天，玩得不亦乐乎，回来结账的时候却发生了不愉快——人力车夫按每人180元钱的标准价格收费，而外国客人觉得最多只值100元钱。

于是两人就开始讨论价钱，争执不休，局面弄得非常僵。没办法，酒店工作人员只好出面来调解。

工作人员在两方面之间不断协调，希望找到一个双方都能接受的中间价。调解到最后，人力车夫最少要收160元钱，而外国客人最多只愿意出140元钱，双方都不愿意再让步。于是，问题又僵住了，无论工作人员怎么调解也无济于事。

就在僵持不下的时候，工作人员做了一些分析：问题的关键并不在价钱上，而是在两个人的面子上，因为双方都还不至于为这区区20元钱而大动干戈。之所以这样，关键在于面子，双方都要赌一口气。要想解决问题，就必须想办法同时保住两个人的面子，能让他们下得台来。

那么，怎样才能使两个人都觉得没有丢面子呢？

为此，工作人员开始绞尽脑汁想办法。终于，见多识广的大堂经理想出了一个两全其美的方法：外国人都有给服务员小费的习惯，那么就让外国客人再给人力车夫10元钱的小费，变成150元钱。外国客人觉得车费还是140元，就接受了。

而人力车夫觉得有10元总比没有10元好，况且外国客人已经让步了，总算挽回点面子，也同意了。

这样，终于把这个问题圆满地解决了。

这个问题的处理办法就是抓住了事情的关键，对症下药，矛盾自然也就解决了。所以，我们在工作中也要多思多想。要相信，不管是多么大的困难，只要努力去想，就一定能有解决的方法。

詹妮芙·帕克小姐是美国有名的女律师。她曾被自己的同行——老资格的律师马格雷先生愚弄过一次，但是，恰恰是这次愚弄使詹妮芙小姐名扬全美国。事情的经过是这样的：

一位名叫康妮的小姐被美国全国汽车公司制造的一辆卡车撞倒，司机踩了刹车，但是卡车依旧把康妮小姐卷入车下，导致康妮小姐被迫截去了四肢，骨盆也被碾碎。

问题的关键是康妮小姐说不清楚究竟是自己在冰上滑倒掉入车下，还是被卡车卷入车下的。全国汽车公司的代表律师马格雷先生则巧妙地利用了各种证据，推翻了当时几名目击者的证词，康妮小姐因此败诉。

绝望的康妮小姐向詹妮芙·帕克小姐求援。詹妮芙通过调查掌握了该汽车公司的产品近5年来所造成的15次车祸，发现原因完全相同——此种汽车的制动系统有问题。急刹车时，车子后部会打转，从而把受害者卷入车底。

詹妮芙对马格雷说:"卡车的制动装置有问题,你隐瞒了它。我希望汽车公司拿出200万美元来给那位姑娘,否则,我们将提出控告。"

老奸巨猾的马格雷回答道:"好吧,不过,我明天要去伦敦,一个星期后回来,到时我们研究一下,做出适当安排。"

一个星期后,马格雷却没有露面。詹妮芙感到自己上当了,但又不知道为什么上当。她的目光无意中扫到了日历上,这才恍然大悟,原来诉讼时效已经到期了。詹妮芙怒气冲冲地给马格雷打了个电话,马格雷在电话中得意洋洋地放声大笑:"小姐,诉讼时效今天过期了,谁也不能控告我了!希望你下一次变得聪明些!"

詹妮芙很是愤怒,她问秘书:"准备好这份案卷要多少时间?"

秘书回答:"需要三四个小时。现在是下午一点钟,即使我们用最快的速度草拟好文件,再找到一家律师事务所,由他们草拟出一份新文件,交到法院,那也来不及了。"

"时间!时间!该死的时间!"詹妮芙小姐在屋中团团转,突然,一道灵光在她的脑海中闪现——全国汽车公司在美国各地都有分公司,为什么不把起诉地点往西移呢?隔一个时区就差一个小时啊!

位于太平洋上的夏威夷在西十区,与纽约时差整整5个小时!对,就在夏威夷起诉!

就这样，詹妮芙赢得了至关重要的几个小时。她以雄辩的事实，催人泪下的语言，使陪审团的成员们大为感动。陪审团一致裁决：原告胜诉——全国汽车公司赔偿康妮小姐600万美元的损失费！

很多时候，寻找解决问题的方法虽然很不容易，但总有办法解决，只要我们努力去思考，拓宽思路寻找各种可能有效的方法，而不是费尽心机去找借口，就定能交上一份完美的答卷。

## 做好今天的事，期待明天的进步

许多人喜欢预支明天的烦恼，想要早一步将其解决。其实，明天如果真的有烦恼，你今天是无法解决的。每个人每天都有各自的任务和使命，唯有认真地活在当下，努力做好事情，完成今天的任务和使命，才是最真实的人生态度。

人的一生可浓缩为"三天"，即昨天、今天、明天。在这"三天"中，"今天"最重要。所以，过去的事情就让它过去吧，明天的事情等来了再说。最要紧的是，做好今天的事情。

不要浪费我们的时间和精力，去为"明天也许会"发生的事情制订什么应急计划，除非它会影响我们目前的行动。不要总是考虑如何克服"明天也许会"阻碍自己业务发展的困难，除非我们清楚地认识到必须改变现在的行动方案以避开这些障碍。常言道：车到山前必有路。无论远处可能出现多大的障碍，我们都将发现，如果始终以"特定的方式"思考和行动，当我们靠近障碍时，它就会自动消失。即使没有消失，我们也一定会找到一条能够跨越或者绕过它的道路，继续我们的成功之路。

不要为"也许会"出现的灾难、障碍、恐慌、不利的环境而担忧。如果日后它们真的出现，相信我们一定会有足够的时间去应对。事实真相恰恰如此，你会发现，与每一个困难结伴而来的，还有克服它的方法。

活在当下，只有今天才是我们生命中最重要的一天；只有今天才是我们生命中唯一可以把握的一天；只有今天才是我们唯一可以用来超越对手，超越自己的一天。

有个故事说的是：有个小和尚每天早上负责清扫寺庙院子里的落叶。每天要花很多时间才能扫完树叶，这让小和尚很苦恼，他一直想找个好办法来让自己轻松一些。有个和尚跟他说，你在明天打扫之前先用力摇树，把落叶统统摇下，后天就可以不扫落叶了。小和尚认为这个办法好，于是第二天很早起床，使劲儿地猛摇树。他想，这样就可以把今天跟明天的落叶一次扫干净了。一整天，小和尚都开心极了。

到第二天，小和尚到院子一看，不禁傻眼了，院子里如往日一样落叶满地。一位老和尚走过来对小和尚说：傻孩子，无论你今天怎么用力，明天的落叶还是会飘落下来。小和尚终于明白了一个道理，世上很多事是无法提前的，唯有认真地活在当下，做好眼前的事情，才是最真实的人生态度。

同样，生命的意义也只能从当下去寻找。过去的事，均已过去而不存在，所以没有必要沉湎于过去的情绪当中。对过去的怀念或追悔，只能徒增自己的烦恼，进而干扰对于当下该做的事情。当然，检讨与反省过去是可以的，但却没有必要因此而影响当下的情绪。人生的事，没有十全十美的。愿我们都能真实地活在现实、活在当下，珍惜活着的每一天。

## 不断为自己充电

有追求的人都是幸福的,因为他知道明天的路该往哪里走。而在这条路上,每个人的走法也并不相同,关键是看你更在乎的是什么。如果发现自己迷惑了,失去方向了,那就静下心来看一看、想一想,该"充电"时就"充电",这是你往上走的"台阶"。

"就算你们把我剥个精光,扔进沙漠,只要有一支驼队经过,我仍然可以创造今时今日的辉煌。"这是洛克菲勒当年一句影响了无数美国人的励志名言。此后的日子,这句话也在深深地激励着无数的人,使人们的内心充满无比的自信和对成功的渴求。

美国著名政治家艾尔因为家贫,小学未毕业就辍学了。依靠勤奋努力,他30岁当选为纽约州议员。这时他的知识依然贫乏,甚至看不懂那些需要他表决的法案。但艾尔没有气馁,依旧每天坚持读书，如饥似渴地学习，有时他一天要读书16小时。而且，他将读书的习惯坚持了一辈子。在当选为纽约州州长的时候，艾尔已经成了一个学识渊博的人。他曾四度出任纽约州州长，并先后有六所大学授予他名誉学位。

很多优秀人物从不认为自己的学问已经够用。相反，他们几乎一致认为自己所知甚少，需要靠不断学习才能满足工作的需要。更可贵的是，他们不是把某些莫名其妙的知识装在脑袋里以炫耀才情，而是将知识随时应用于实践，并在实践中改进提升，形成自己的独特思想。所以，他们的事业也始终处于上升状态。

NBA球星迈克·詹姆斯就是这样一个不断提升自己的人。

在NBA，有许多叫詹姆斯的球员，但这个迈克·詹姆斯却绝对不简单。一方面，迈克·詹姆斯是NBA的一位不折不扣的"流浪球员"。从他2001年进入NBA，在此后的七个赛季中，詹姆斯一共换了八支球队。在活塞队期间，他为自己赢得了金光灿灿的总冠军戒指。另一方面，迈克·詹姆斯随时都在为自己充电。2001年7月20日，他以自由球员的身份和热火签约，此后便一直在边战斗边成长。

2008年，还在火箭打后卫的迈克·詹姆斯出席在斯坦福大学举办的球员商机发展联合会，接受职业生涯规划的教育。迈克·詹姆斯曾在杜昆大学获得儿童心理学学士学位，他希望斯坦福大学的课程能有助于他日后成为一个商人。

年轻的彼得·詹宁斯是美国ABC晚间新闻的当红主播。他虽然连大学都没有毕业,却把事业作为他的教育课堂。在当了三年主播后,他毅然决定辞去人人羡慕的职位,来到新闻第一线去磨炼,干起记者的工作。

他在美国国内报道了许多不同地区的新闻,并成为美国电视网第一个常驻中东的特派员。后来他搬到伦敦,成为欧洲地区的特派员。经过这些历练后,他又重回ABC主播台的位置。此时,他已成长为一名成熟稳健而又大受欢迎的记者。

比尔·盖茨说过:"一个人如果善于学习与思考,他的前途就会一片光明。而一个良好的企业团队,每一个组织成员都是那种迫切要求进步、努力学习新知识的人。"

意大利著名演员萨尔维尼也曾经说:"最重要的是,要学习、学习、再学习。你一定要努力,否则,再有才华也会一事无成。"

很多人将自己的失败归咎于环境不好,认为自己没有获得好的机会和条件。在进行了这样的一番自我安慰后,他们便获得了心理平衡,从而放弃了学习,放弃了自我能力的提升,在得过且过中消磨着美好的时光。

我们应该明白,只有自己才能对人生负责。自己未来的生活会变成什么样子,很大程度上取决于我们在生活中的态度。

时代发展瞬息万变,知识进步日新月异,稍不留神,我们今天引以为豪的知识可能在明天就变得落伍了。假如我们因为眼前拥有的一点知识便沾沾自喜,放松了学习的脚步,那么很容易就会被身边的人超越。只有放下骄傲与自满,虚心好学,永远对知识充满渴望,才能让自己不断进步。

第三章

你无法事事顺利,
但可以事事尽力

## 比智者多一份胆量，比弱者多一份坚强

机会属于有胆略有毅力的人。对我们来说，必须要有承担一定风险的胆量，要有经受挫折的坚强，否则很难有所成就。在激烈的社会竞争中，如果你能比智者多一份胆量，比弱者多一份坚强，那么，成功就会在前面向你招手。

每个成功者，可以说都有一段不寻常的历史。他们之所以能够出类拔萃，是因为他们有着一颗顽强的心，有一般人没有的胆量敢去闯，敢去拼。

如果我们观察自己周围的人，你会发现有些人没什么太高的学历，而且他们好像也不比你聪明，但他们却能成功。除了其他原因外，有一条是可以肯定的，那就是这些人做事比较有胆量，他们的冒险精神比较强。

人生一世，处处都存在着风险。然而，我们还是应该承担这些合理的风险。

生活中，我们可以看到许多人，因为缺乏胆量而丧失掉很多机会。

阿龙毕业于名牌大学的机械系，毕业后分配到某个省级的纺织研究所工作。他的学问很好，人也很聪明，亲自主持设计了好几个大项目。由于工作的关系，他经常接触到一些私营企业的老板，这些老板们都敬佩他的技术知识，愿意出高薪聘请他做技术主管。但他总是担心这些小企业靠不住，说不定哪天就关门了。所以，他总是推辞，他觉得留在政府的研究所里工作才有保障。

几年过去了，由于体制改革与变化，他的铁饭碗没了。这时，他才无奈地投向一个私营企业。不到两年的时间，他便买了新房，开上了汽车。而那个私营企业，在他的帮助下，上马了好几个新的项目产品，一跃成为显赫一方的大企业。他曾感慨地说："我现在一年挣的钱比过去十年加起来的还要多，我真不明白那时候为什么没胆量早点出来做事，白白浪费了几年的时光。"

不可否认，几乎所有事业成功的人，都是富有冒险精神，有胆量的。

胆量来自于自己过去的成功经验。举例来说，前面有条河，如果你蹚过一次河，那么第二次你便会有胆量再去蹚。

锻炼自己的胆量要从小事做起，采用那种每天进步1%的原则，使自己一点点地改进。假如性格内向，最怕与陌生人讲话，那么，你就今天制订一个计划，在第一周每天只与一个陌生人讲一句话，比如说"你好，我好像在哪儿见过你"等等。在第二周，便要讲两句"你好，你是来这儿找人的吧，也许我能帮你点什么"等等。时间久了，与陌生人讲话便成了你的习惯了。

假如你在遇到问题时总是要听父母、兄长或配偶的意见后才能拿定主意，那么从今天起，就先从小事上做起，不与他们商量而自作主张。比如，你以前买鞋子或帽子也要听他们的，那么这次就不与他们讲，自己做主买下来，哪怕买得不合适了也没关系。

当然，在锻炼自己独立做事的习惯时，你可能会失败，甚至栽跟头，不过不要紧，只要你能从每次的失败中总结并吸取教训，同样的错误就不会再犯。要知道，世上关于成功者的一个秘密是：成功的人士比不成功者所受的失败多过一千倍。因为他们栽的跟头多，学得就多，逐渐养成了自信、独立和果断的性格。而不成功的人，因为总是怕失败而不敢做事，结果一生都没有成就。

"不经历风雨，怎么见彩虹，没有人能随随便便成功。"在现实生活中，只有那些经历过风吹雨打的花草，才能感受到大自然赋予的清新；只有饱尝了挫折和失败的人生，才能体会到成功与收获的喜悦。学会坚强，勇于直面前进道路上的坎坷，你会不断进步，最终获得成功。

## 即时激励,时刻告诉自己"我很棒"

美国心理学家威廉斯说:"无论什么见解、计划、目的,只要以强烈的信念和期待进行多次反复的思考,那它必然会置于潜意识中,成为积极行动的源泉。"不断地自我激励,就会使你有一股内在的动力,朝向所期望的目标前进,最终到达成功的顶峰。

心理暗示是用含蓄、间接的办法对人的心理状态产生迅速影响的过程,它用一种提示,让我们在不知不觉中接受影响。上课时,一个人打哈欠,许多人往往跟着打哈欠;有人咳嗽,你的喉咙也会发痒;看见别人跳舞,自己也不知不觉地动起脚来。

暗示可以分为他人暗示和自我暗示。他人暗示是指被暗示者从别人那里接受了某种观念,使这种观念在其意识和潜意识里发生作用,并使它实现于动作或行为之中;自我暗示则是指自己把某种观念暗示给自己,并使其表现为动作或行为。

刚刚学骑自行车的人骑车上街,心里特别紧张,生怕撞到别人,默念"别撞上,别撞上",可结果却偏偏撞上。参加重要的考试,告诉自己"别紧张,别紧张",可往往是脑中一片空白,这其实都是心理暗示所造成的。

心理暗示的作用是巨大的,不但能影响人的心理与行为,还能影响到人体的生理机能。因此,消极的暗示能扰乱人的心理、行为以及人体的生理机能,而积极的暗示则能起到增进和改善这一切的作用。

美国有一位得了顽症的病人缠着一位药剂师买药,药剂师给了他几片毫无药用功效的"糖衣片",并告诉他这是特效药。几天后,病人前来致谢,说"糖衣片"治好了他的顽疾。而有的病人在被误诊为癌症之后,在一段时间后真的患上了癌症,郁郁而终。

心理专家马兹说:"我们的神经系统是很'蠢'的,你用肉眼看到一件喜悦的事,它会作出喜悦的反应;看到忧愁的事,它会作出忧愁的反应。"

当你习惯地想象快乐的事,你的神经系统便会习惯地令你处在一个快乐的心态当中。所以,我们只能输入积极的语言,比如,"在我生活的每一方面,都一天天变得更美好"、"我的心情很愉快"、"我一定能成功"等,语句要简洁有力,不要含糊、脱离实际及与人攀比。

二战后，受经济危机的影响，日本失业的人数陡然增加。一家濒临倒闭的食品公司为了减少成本，决定裁员三分之一，其中，清洁工、司机、无任何技术的仓管人员位列其中，这些人加起来有30多名。经理找他们谈话，说明了裁员意图。

清洁工说："我们很重要，如果没有我们打扫卫生，没有整洁、优美、健康有序的工作环境，你们怎么会全身心地投入工作？"

司机说："我们很重要，如果没有司机，那些食品怎能迅速销往市场？"

仓管人员说："我们很重要，如果没有我们，这些食品岂不是要被流浪街头的乞丐偷光？"

经理觉得他们说的话都很有道理，权衡再三，决定暂时先不裁员，而是重新制定了管理策略。

于是，经理派人在工厂门口悬挂了一块大匾，上面用大字写着"我很重要"。每天职工们来上班，第一眼看到的便是"我很重要"这四个字。不管是一线职工还是白领阶层，都认为领导很重视他们，因此工作也很卖命。这句话调动了全体职工工作的积极性，几年之后，这个公司迅速崛起，成为日本有名的公司之一。每个人再也不用为自己的前途担忧，每天都快乐地工作着。

的确，一个人有了自信，有了希望，就有了努力的动机，就会全身心地投入到自己的工作中去，这样，就会有更大的可能获得成功。

所以，如果你感到自卑，那你可以试着去挑战自己；如果你觉得孤单，你可以试着去帮助别人。我们虽然不可以改变天生的容貌，但我们可以时时展现笑容；我们不可以改变生命的长度，但可以改变生命的宽度。天生我材必有用。如果说人生是一部戏，那我们自己就是戏的主角，同时也是导演。只要我们拥有自信，就可以演绎精彩的人生。

记住，星星并不因为月华的明朗而失落自己，种子并不因为石头坚韧而拒绝萌芽。学会自我激励吧，时刻告诉自己"我很棒"，你就是一道亮丽的风景线。

## 做每件事时加一分自信，等于给人生加一分筹码

做每件事时加一分自信，就等于给人生加一分筹码。如果你拥有了自信，就会获得超凡的成功。相信自己，不要怨天尤人，不要自暴自弃，勇敢地走出失落，超越自卑，战胜消极，你就是一块最闪亮的金子。

"强者不一定是胜利者，但胜利迟早都属于有信心的人。"这是"杜根定律"最准确而简要的内涵，是由美国职业橄榄球联会前主席D·杜根提出的。也就是说，信心决定成败。如果你只接受最好的，你最后得到的往往也是最好的，只要你有信心。

有个叫露西的女人，自从生了三个孩子之后，就整天烦躁不安。4岁的孩子整日玩闹，19个月大的孩子整夜哭叫，还有一个婴儿需要不断地喂奶。那一段日子，露西的精神就要崩溃了。长期

的睡眠不足使她无法以正常的眼光看待周围的世界，也无法正常地看待自己。她甚至怀疑自己天生就"低能"，连几个孩子都照看不了，以后还能做什么呢？

这时候，她的一个叫海伦的朋友从另外一个城市托人给她带来一份礼物。打开一看，是一个装饰得很漂亮的陶瓷容器，上面还贴着一个标签，上面写着"露西的自信罐，需要时用"。罐子里面装着几十个用浅蓝色的纸条卷成的纸卷，每个小纸卷上都写着海伦送给露西的一句话。露西迫不及待地一个个打开，只见上面分别写着：

上帝微笑着送给我一件宝贵的礼物，她的名字叫"露西"；

我珍惜你的友谊；

我欣赏你的执着；

我希望住在离你的厨房30米远的地方；

你很好客；

你有宽广的胸怀；

你是我愿意跟着一起在一家百货公司转上一整天的那个人；

你做什么事都那么仔细，那么任劳任怨；

我真的相信你能做好任何你想做的事情。

我给你提两点建议：第一，当你完成一件自己想干的事情或者得到别人的称赞和肯定的时候，就写一张小字条放在这个罐里。第二，当你遇到困难和挫折或者有点心灰意冷的时候，就从这个小罐里拿出几张字条来看看。

读到这里,露西的眼圈湿润了。因为她深深地感觉到,她正被别人爱着,被别人关心着,困难只是暂时的,自己也是很棒的。从那以后,露西把这个"自信罐"摆在最显眼的地方,只要遇到压力和困难,就拿过来看看。

15年以后,露西当了一所幼儿园的园长,很多家长都愿意把孩子送到她这里,因为她的自信激发了孩子们的自信。从这所幼儿园走出去的孩子,每个人都有一个"自信罐"。

个人与世界相比总是渺小的。面对复杂多变的社会环境,要想安心、愉快地生活下去,信心必不可少。信心是什么?信心是对生活充满乐观和进取的信念;信心是克服生活上、工作中遇到的困难的决心和勇气;是任何情况下都不动摇,并努力为之奋斗的动力源泉。

1949年,一个充满自信的24岁的年轻人,走进了美国通用汽车公司,应聘会计工作。在应试时,他的自信给助理会计留下了十分深刻的印象。当时只有一个空缺,而人力部门的人告诉他,那个职位的要求比较高,一个新手可能很难应付得来。但他当时只有一个念头,就是一定要进入通用汽车公司,展现他足以胜任的能力与超人的规划能力。当人力专员雇用这位年轻人之后,曾经对他的秘书说过这样一句话:"我刚刚雇用了一个想成为通用汽车公司董事长的人!"这位年轻人也就是后来出任通用汽车董事长的罗杰·史密斯。

　　罗杰刚进公司时认识的第一位朋友阿特·韦斯特这样回忆说："在合作的一个月中，罗杰告诉我，他将来要成为通用的总裁。"就是凭着如此高度的自信，注定他要迈向成功。

　　通过以上的成功案例，我们可以相信：取得成功，最困难的不是一件事本身，而是我们对这件事所采取的态度。我们要有坚强的意志，要相信自己，要坚定"天生我材必有用"的意识。在做任何事情以前，如果能够充分肯定自我，那么在努力的过程中就会有足够的信心和勇气去克服困难、迎接竞争，这就等于成功了一半。所以，当你再次面对挑战时，不妨告诉自己：我就是最优秀的和最聪明的！这样，就会取得不一样的结果——也许这样的结果还是你从来不敢奢望的呢。所以，我们要时刻警醒自己，给自己鼓励，在遇到挑战的时候，大声地说："我能行！我一定会成功！"

## 往最坏处打算，往最好处努力

　　困难是上帝赐给人类的别出心裁的礼物，要想获得其中的喜悦和乐趣，就必须经过它的重重考验。上天赋予我们生命，是要我们用它去创造价值。它又给予我们许多附加的痛苦和磨难，是要让我们在这种砥砺当中，更加珍惜生命的美好，更加努力地去争取更好的生活。

　　弗兰西斯·培根曾说："在顺境中，也有可怕与不如意的事；在逆境里，也未尝没有慰藉和希望。"

　　上天是最公平的，每一个困境都有它正面的价值所在，关键在于如何去面对，如何将困境变成上天赐予我们的力量。一个障碍，就是一个新的已知条件。只要愿意，任何一个障碍都会成为一个超越自我的契机。越是命运似乎对其不公的人，越能展现其顽强的生命力，对人生充满希望。要知道，成功的道路往往不是一帆风顺，成功的奖赏也不会在起点出现，而是远在旅程的终点，而所取得的成就，也就更加令人赞叹和瞩目。

当你面对困境时，正确的做法就是往最坏处打算，往最好处努力。

《格列佛游记》里有一句名言："不抱任何希望的人有福了，因为他不会失望。"尽管这句话可能含有讽刺意味，但反映了常见的心理现象。我们常说的往最好处努力，往最坏处打算，就是这个意思。

期望值越高，失望也就越大。犹如对待名胜古迹，高兴地慕名而去，往往失望而归，所谓看景不如听景是也。而在山坡峡谷，林间溪边，信步所至，随意漫游，所见的一花一草一木、一石一泉，倒常常为之惊喜，为之流连，并因之获得意外的欢愉。

在坎坷的人生路上，只有往最坏处打算，往最好处努力，我们才能保持一个乐观的心态，才能激发起战胜困难的勇气，才有可能走出困境。

阿莫斯饼干创办人兼作家沃利·阿莫斯的经历，就生动地给我们阐述了这一道理。他曾这样描述他生命中最艰难的一段日子：

我生活中的一段黑暗时光，就是在妻子雪莉生下我们的儿子并迁往加州之后度过的。我辞掉纽约威廉·莫里斯代理公司代

## 第三章 你无法事事顺利，但可以事事尽力

理人的工作，到洛杉矶设立一个复合式多角经营的娱乐集团公司——有管理公司以及出版公司，这是我的终极梦想。因为我知道这得花点时间，所以我就按部就班去实现。各项工作都进行得很顺利。我的合伙人之一，是南非音乐家兼歌唱家修·马萨凯拉。

当时，他是我的客户，同时也是正在走红的大明星。他的一张专辑即将上市，我为他联系、安排工作日程，这些都是我十分熟悉的工作。那年12月，我为他安排了一个为期8天的旅行，大概可以为他赚进11000元，比他以往任何一次赚的钱都多。

旅行结束后的第一天，马萨凯拉打电话给我说："沃利，我们得谈谈，我现在能过来吗？"

太棒了，我想，我们可以回头评估这次旅行，讨论新的计划。我内心充满了期待。然而，这次聚会非但不是好事，还酿成了大灾难。马萨凯拉认为我处理问题的方法不妥当，他不希望我再代理他的事，而且态度很坚决。

马萨凯拉的消息来得真不是时候——那天早上，我刚把雪莉送进医院。当时她神经紧张、气短力乏，因为搬迁、孩子以及我们遭遇的变化令她疲惫不堪。我处在深深的打击之中：太太在医院，儿子仅三个月大，没有收入来源，所有我搬来加州的理由突然间消失无踪。

这无疑是我生活中最消沉的时刻之一，我甚至开始往最坏的

地方想——雪莉离开人世，一贫如洗的我要一边找工作，一边照顾儿子。我已经往最坏处想了，想到最后，我已经不害怕面对任何磨难了。于是，我一边照顾妻子和孩子，一边去寻找解决问题的方法。

就在这件事发生后的几个星期里，我疯狂地拨打各个娱乐公司的电话，尽管希望渺茫，但这又有什么损失呢！直到有一天，我接到了约翰·列维的电话。他是个大牌经理，代理很多知名明星的日常工作。他要我和他一起工作，我那时的回答是："约翰，你邀我帮忙，我真的很感激，也觉得受宠若惊。你无法相信，这份工作对我来说太重要了！"

事情就这样慢慢好转起来。我和约翰合作了一阵子，好事情接踵而至，生活就这样继续下去了。我太太雪莉的身体恢复了正常，儿子在健康成长。生活开始变得美好。

瞧，沃利在困境中并没有消沉，他往最坏处打算，往最好的方向努力，自动寻找突破的机会，最终顺利地走出了困境。

世界著名的小提琴家欧尔·布尔在巴黎的一次音乐会上，小提琴的A弦忽然断了，他面不改色地以剩余的三根弦奏完全曲。他说："这就是人生，断了一根弦，还能以其余的三根弦继续演奏。"

是的，这就是人生。当第一根弦断的时候，如果停止不动，对自己说再也没有希望了，那么你剩下的三根弦就没有机会再发挥它们的作用。但如果你继续拉下去，谁又能说你拉不出动听的曲子呢？

　　因此，当你觉得自己时运不济的时候，不妨往最坏处打算，往最好处努力，或许就会收获无比的快乐。

## 不断尝试,就有可能成功

平庸和精彩往往就是一步之隔。在那扇机遇的门前,有人想着自己的各种不足,想着可能的失败,望而却步,转身走掉;而有人却勇敢地推门而入,即使是洪水猛兽,遍布荆棘,也要走出自己的路。结果,生活也就因此而有了种种不同。

有这样一个故事:在烈日下,一群饥渴的鳄鱼身陷水源快要断绝的池塘中。面对这种情形,只有一只小鳄鱼起身离开了池塘,它尝试着去寻找新的生存的绿洲。塘中之水越来越少,最强壮的鳄鱼开始吞噬身边的同类,然而却不见再有鳄鱼离开。池塘完全干涸了,唯一的大鳄鱼也耐不住饥渴死去了。而那只勇敢的小鳄鱼经过多天的跋涉,幸运的它竟然没死在半途中,而是在干旱的大地上找到了一处水草丰美的绿洲。

试想，若不是小鳄鱼勇于尝试，寻求另一条生路，那它也难逃丧生池塘的厄运。而其它的鳄鱼，如果不安于现状，勇于尝试，那么，又怎会落得身死干塘的可悲结局呢？由此可见，勇于尝试的精神多么重要。

纵观古今，凡有成就者，都具有勇于尝试的精神。灯泡的发明者爱迪生为了找到一种合适的材料作灯丝，不屈不挠地进行了8000多次尝试，最终获得了巨大的成功，给人类带来了"光明"。与其说这"光明"是电之光，还不如说是勇于尝试的精神之光。仔细想想，在他所取得的一千多项成果中，竟没有哪一项不是不断尝试的结果。"一次尝试，就有一次收获。"这句话正道出了他成功的秘诀。

还有研制出雷管的诺贝尔、发现了雷电规律的罗蒙诺索夫、第一次驾飞机飞上天空的莱特兄弟……他们所取得的成就，又有哪一个不是尝试之花结出的硕果呢？读到这里，我们是不是要问自己：在崇拜伟大人物的同时，我们是不是更应该崇拜成就伟大人物的勇于尝试的精神呢？

不仅在科学上需要这种精神，我们在学习、生活和工作中也同样需要这种勇于尝试的精神。我们应尝试着举手发言，尝试着向课本质疑，尝试着与同学合作，尝试着理解别人、关心别人，尝试着挑战新的职位……在不断的尝试中，我们的智慧将得到增长；在不断的尝试中，我们的能力将得到提升；在不断的尝试中，我们的人性将得到升华。在不断的尝试中，我们将攀上一个又一个智慧的高峰。

有这样一个家境贫寒的年轻人，他年仅20岁就辍学踏入社会。

那时正逢经济萧条时期，要想找份工作非常困难。一家知名医药企业刚刚贴出招聘科员的告示，就引来了众多应聘者，他也在求职大军之列。

招聘者被一一编了号，他排在50多号。应聘者相继沮丧地从招聘室走出来，说："条件很苛刻，没有大学文凭，没有两年以上的从业经验，一概不收！"门外的应聘者一听，散去了不少。年轻人也不符合应聘条件，可他没走。

不久，又有几名应聘者走出办公室："年龄要25周岁以上！"

应聘者又散去了不少，但他继续耐心地排队等待。后面的应聘者问："看你也不到25岁吧？"他点头。那人又说："肯定也会被淘汰的，不如走了算了！"他笑着说："机会难得，即便是不符合条件，也应该试一试！"

结果，他的人生就因"试一试"的勇气而得到了改变。各方面都不符合条件的他，虽然未被招聘为科员，但招聘主管因他形象不错，又口齿伶俐，就破格录用他做了一名药品推销员。参加工作以后，这位没有社会背景和学历的青年，凭借着这份敢于尝试的勇气，一边卖药一边自学。短短十年，他就从普通的卖药仔一路攀升为香港政要。

后来，很多人问他，成功是不是靠运气？他的回答是："从前人们都说从尖沙咀坐船到中环几乎是不可能的，因为水流湍急，会把你带向大海。我不相信，试过一次，意外地发现，虽然坐船到不了中环，但却可以到湾仔或西环，同样是很好的落脚点啊。所以，凡事不要先断定结果，只要你有心尝试，不管结果是否如你所愿，生活总会给你惊喜！"

20世纪90年代，有一位高中毕业的年轻人到深圳一家企业应聘推销员。由于该企业很有名，待遇很高，所以有很多人来应聘，其中还有一些是名牌大学的毕业生。在这些应聘者中，那位只有高中文凭的年轻人并不起眼，但他坚持着，依然决定留下来应试。

后来，轮到他进办公室考试的时候，办公室里的四位主考官正在收拾考生资料，一位主考官礼貌地告诉他说已经找到合适的人选了，叫他另寻出路。

但该考生站着不走，他希望考官能给他一次机会。他拿出在学校时获得的各种演讲比赛的获奖证书，展示给考官们看，他说自己学习不好没考上大学，但也是有其他优点的，至少，他口才出众，应该具备了成为一位推销员的基本资格。他希望主考官让他进公司实习，他不要工资。

最终，他说服了考官们，成了该公司的实习生。在实习期间，他努力学习业务知识，并四处对潜在客户进行寻访，说服他们与本公司合作。一个多月下来，他竟为公司创造了推销业绩的新纪录，被公司正式录取。到了今天，他已经成了该公司驻美国分公司的第一副总裁。

从这个故事中大家可以看到，我们要勇于尝试，要知道自己身上有什么可以发掘的优点，并努力开发。正如美国的贝弗利·西尔斯所说："失败了，你可能会失望。但如果不去尝试，那么你注定失败。"除非你停止尝试，否则就永远不会是失败者。

所以，勇于尝试吧！它几乎是一切成就的助推器。

第四章

发现自己的天赋,
找到自己的出路

## 不要盲目和别人攀比

生活中少不了攀比，而且从某种意义上说，攀比还是人进步的推动力。一个人如果想在社会上确定自己的位置，并不断超越自我，就要选定一个参照物。但是，这种攀比必须是理性的比较，而不是盲目的。也就是说，我们可以不知足，但是不能盲目攀比，否则就会失去自我和特色，到头来只能是徒增烦恼。

有本书中曾说："如果我们仅仅想获得幸福，那很容易实现。但我们希望比别人更幸福，就会感到很难实现，因为我们对于别人幸福的想象总是超过实际情形。"

的确如此。生活中，大多数人总是在哀叹自己的不幸，而对他人的成绩羡慕不已。他们总是在抱怨：

——他都涨工资了，却不给我涨，什么道理啊？

## 第四章 发现自己的天赋，找到自己的出路

——你看他都买新房子了。他和我一块进的公司，看看人家，再看看自己，唉……

——人家的孩子多争气，考上了清华；看看自己的孩子，真是没办法……

类似的慨叹和抱怨，相信我们都曾经有过。看着别人有钱，嫉妒；看着别人有权，诅咒；看着别人有房，羡慕；看着别人晋升，委屈……还有些人羡慕影星、歌星、运动明星，看到他们整天被包围在鲜花和掌声之中，就垂涎三尺，认为痛苦与他们无缘。

其实，人各有失意，只是你没发现而已。正如同漫画大师朱德庸所说："我相信，人和动物是一样的，每个人都有自己的天赋，比如老虎有锋利的牙齿，兔子有高超的奔跑、弹跳能力，所以它们能在大自然中生存下来。人们都希望成为老虎，但其中有很多人只能是兔子。我们为什么放着很优秀的兔子不当，而一定要当很烂的老虎呢？"

事实上，与人相比、竞争都是正常现象。只有看到自己的短处，才有可能尽快弥补，不断进步。而那些因为比较而生气的人，往往是因为自身性格和心理上的缺陷，导致了他们无可救药的自卑，即使他们已经非常优秀。

比如《三国演义》中，周瑜发出人生的感慨："既生瑜，何生亮！"还有童话故事中，那位每天都拿着魔镜反复念着"魔镜魔镜谁最美丽"的王后。其实这都是一种嫉妒心的存在。

生活中，我们很多人都是这样，习惯与人攀比，用他们最具特长的地方来比别人的不擅长处，从而享受胜利的喜悦。殊不知，你的缺点所在恰恰是别人的优势。这样的人，其实生活得看似幸福，却并不快乐，因为攀比的心态让他永远不知足，不知道幸福快乐的生活到底是什么。而那些心胸宽广的人，则会抱有知足常乐的心态，体会到自己的成功和幸福。

所以，我们应该学会正视自己，学会自我开释。只要退一步想，你就会发现，生活中的很多事情其实并不需要太在意。真正需要我们在意的，是怎么才能及早去除盲目攀比、自我折磨的扭曲心理。

## 弄清楚自己最想要的是什么

有什么样的决定,就会有什么样的命运,而主宰我们作出不同决定的关键因素就是个人的价值观。一个人要想成功,就必须清楚知道自己的价值观,并时刻以此为基准。

"假如明天你将死去,你最想要的是什么?"如果向不同的人问这个问题,得到的答案总是见仁见智。然而,在你的人生规划中,你必须知道自己对这个问题的答案,因为只有回答了这个问题,你才能知道在你的一生中,什么才是最珍贵的,什么才是最值得珍惜的,什么才是你应该努力追求的。只有弄清了这个问题,才不会盲目行动。

在阿莉心中,最重要的是关怀和照顾别人。由于看到律师的工作颇能符合她这个心愿,于是便去当了一名律师。

随着工作经验越来越丰富,她在律师界的名气也越来越大,最后自己创业。当她成为这家律师事务所的负责人后,工作方式也就跟着发生了变化,她不能再像以往那样把所有的时间都花在诉讼案件上,而是要分出一半精力留意事务所的经营及管理。

在她的努力下,事务所的业务蒸蒸日上,可是她心里并不快乐,因为她不能再和客户有更多的接触了。如今她的地位已不同于其他同事,她必须经常主持或参加会议以便主导事务所未来的发展。就她过去的努力来看,她已经实现了所追求的目标,可是却不能做自己最想做的事情了。

不知你是否也有过相同的经历。要想让内心得到真正的快乐,我们一定要清醒地分辨何为价值观,同时还要明确你追求的目标。

《春风化雨》这部电影正说明了同样的道理,它讲述了杰美·艾斯克兰提这位特立独行的数学教师是如何教育他的学生的故事。

艾斯克兰提以无比的耐心和热情,改变了手下所教学生的未来命运。在外人看来,他的学生都是很笨的,什么也学不好,然而艾斯克兰提却不这么想,他千方百计地使学生从心底相信自己的能力,最后,他们在学业上果然有了优异的表现,令许多人大跌眼镜。艾斯克兰提这种不懈努力的教育精神,让学生们认识了价值观的惊人威力,懂得了什么叫做信心、决心,什么叫做磨炼、合作，以及什么叫做掌握自己的命运。

他的教育方式是身教重于言传，他常常亲自做示范，让学生们从异于传统的角度去看实现目标的可能性。这种教育方式，不仅让这群常人视之为"笨"的学生通过了微积分检验考试，更让他们学会了一个道理，那就是只要改变先前的信念，始终盯着更高的价值标准，那么自己的能力就会有更大程度的发挥，人生也会因此大大改观。

如果我们希望做出不凡的成就，那就可以按照艾斯克兰提所采用的方法：先找出自己生命中重要的价值观是哪些，然后遵照这些价值观去行动。这并不难做到，遗憾的是绝大多数人根本就不清楚什么是自己人生中最重要的东西，他们一会儿往东、一会儿往西，如同水面上的浮萍，最终稀里糊涂过了这一生。

每个人的人生追求都不相同，当你知道了自己最重要的人生价值所在，那么怎么做决定就易如反掌了；反之，如果你不知道什么对你是最重要的，那么就很难做出决定，这往往会成为痛苦的折磨。有杰出成就的人，在这种状况下通常能很快做出决定，那是因为他清楚地知道自己人生最重要的价值何在。因此说，要想获得成功，就要找出自己最想要实现的并坚持执行，如此就会收获完美的未来。

## 心中专一,有所为而有所不为

每个人都渴望成功,不甘平庸,那么,既然选择了目标,就要心无旁骛,专心致志地投入其中。选择了一条自己的路,就要认真地一路走好。只有选择了努力的态度,我们才能超越别人并有所成就。

很多年轻人精力旺盛,因而习惯于同时做很多事情,希望自己在各方面都获得成功。而且,他们不愿意放弃其中的任何一样,似乎放弃就意味着低头认输。但其实,低头有什么不好呢?而且,你有没有观察过那些成功的人士,有谁是各个领域的多面手呢?他们之所以成功,往往只是因为做了一件事,并将这件事做到了极致。

《今日美国》是美国很有名气的几大报纸之一,它的发行量大，内容新颖，深受读者喜爱。身为该报主编的理查德，以前只是该报的一位专栏作家，每周他都会为这家报纸撰写稿件。

大家都知道，专栏作家只要按时完成任务即可，并不需要每天都到办公室工作。因此，他有大量的空闲时间用来做自己想做的事情。

理查德有一个习惯，就是喜欢到处走动，平时的大部分时间他都用来旅游。不过，他的旅游可不纯粹是为了休闲娱乐，他是个有心人，随身带着笔记本，每到一个地方，他都会注意观察当地的社会热点以及趣闻轶事，记录下它们并及时书写自己的一些想法。所以，当其他的专栏作家坐在家里舒舒服服地休闲娱乐时，他可能正在纽约、休斯敦、洛杉矶、旧金山，甚至是法国、日本、中国、印度等地搜集素材和进行实地考察。也正是因为如此，理查德的专栏最受读者的喜爱。

正是由于理查德几十年如一日的刻苦努力，当其他作家的专栏因为反响一般而被陆续取消时，他的专栏版面不断扩大。以至于一些读者之所以订阅《今日美国》，就是为了阅读理查德的文章。

在和别人谈及自己的工作时，理查德说："我的工作是及时发现可以做专栏的素材，并把它们组合成文，这个工作远不是在家喝喝茶然后空想一通那么简单。"

也正是由于理查德长久以来的不懈努力，后来他担任了《今日美国》主编。

事实就是这样，你在工作时越专注，投入得越多，你就越有可能取得巨大的成就。

专心致志是一个人能否有所成就的一个必要条件，因为人的精力是有限的，如果在做一件事的时候被其他的事情干扰，不能集中精力，那么就可能会出现很多意想不到的错误，久而久之，就会离自己的目标越来越远。

成功的人永远都专心致志，因为在他们所从事的事业之中，饱含着他们一贯的兴趣；因为他们所追求的，正是一直以来的梦想。正是因为专注，他们得以发挥自己最大的潜力；正是因为专注，他们可以排除外界的一切干扰；正是因为专注，他们才拥有了克服一切困难的力量。

有一个修女，生活并不富裕，但她一生中却收养过几千名的孤儿。这在别人眼里，完全是不可思议的事情——几千个人，光是穿衣吃饭，就需要天文数字的巨额资产，而这位修女却做到了。当她的事迹渐渐被人们知晓了之后，有人曾经问她是如何做到收养几千个孤儿的，她回答说："如果同时收养几千人，不仅救不了他们，反而会让他们和自己一起陷入困境。我的办法是：一次只收养一个。"

人的精力是有限的。我们每天忙忙碌碌，不停地为自己的事业奔波，但到后来，收获反而比不上那些看似悠闲的人所取得的成就。读完上面的故事，相信大家已经很清楚，区别就在于，那些取得成功的人一般都是专注于一件事情，而我们却往往贪多，不舍得放弃，同时奔波于多件事情。

　　不管做任何事情，只要专心去学、去做，就没有克服不了的难关。相反，如果不肯用心，三心二意，那么即便是花再多的时间也不会有什么成就。只有运用专注的力量，你才能获得人生的巨大成功。

## 学会独立思考,才不会被他人左右

智慧,是人类区别于动物的根本标志。思考,是智慧的源泉。一个人如果不会独立思考,永远都只能走在别人后面,依靠着别人做事。一个有独到眼光、独立头脑的人;一个不随大流、不人云亦云的人;一个敢于批判、敢于说"不"的人;一个大胆创新、具有超前思维的人,是最受机遇女神青睐的人。

每个人都是区别于他人的独立个体,这集中表现为我们的"独立思考"能力。无论是接受教育,还是在社会实践中成长,都是我们摆脱对他人的迷信,学会独立思考,日益走向成熟的过程。

爱迪生之所以能够成为大发明家,靠的就是独立思考和坚持己见。有一次,爱迪生受到"气球飞上天"的启发,猜想人的肚子如果充满气,一定也能像气球那样在天上飘移。

尽管这是一次荒诞的经历,但是,当时的这种思考能力的训练却帮助爱迪生走向了成功。

一个人做事的时候只有学会独立思考,才不会被他人的意见左右,才能把事情做好,才能走向个人事业的成功。否则,不但一事无成,还会错失良机。正如爱迪生所说:"没有独立思考习惯的人,便失去了生活中的最大乐趣,便缺乏创造性思维活动。"

每个人都喜欢成功,拒绝失败,这是人的一种本能。有的人之所以不善于独立思考、缺乏主见,一个重要原因是他们总是在做事的过程中遭遇挫折。

作为一个志在成功的人,一定要具有自己的主见,要学会独立思考,这样才不会在做事时总是看别人的脸色。做事的时候,提前精心准备,并在执行的过程中小心推进,成功的时候就能获得喜悦,进而对自己充满信心,就会变得比以前更有主见。

独立思考是一种能力。要想摆脱别人的牵制,毫无顾虑地为未来打拼,就要学会独立思考。对此,我们可以从以下几个方面有意识地锻炼自己:

——有疑问就发问。不要害怕问问题,即便是别人都没问过的问题。这样,不仅可以学到更多的东西,而且还可以缓解精神上的压力。

——不要相信权威总是对的。这个世界倒不是没有天才,真理已经掌握在每个人的心里,然而有的人却总是喜欢相信所谓的专家和权威人士。因而，当自己想到新事情还没去执行，就已经被吓倒了。其实自己的思想比权威更重要，所以不要被他们吓倒，因为这正好证明了真理正掌握在像你这样的少数人手里。

——不要觉得你必须随大流。从利害得失的角度来说，随大流的最直接原因就是"趋利避害"，这是每个人心中的最佳愿望。但是，这也减少了成功的可能性，所以在某些特殊的时期还应有自己的主见，否则失败是早晚的事。

——相信自己的感觉。如果你觉得不对头，很可能真的有什么不对的地方，这时就要立即去改正，否则明知不对而不改，错误会变得更大。

——保持冷静。遇到紧急的事千万不要冲动，而应坐下来进行冷静的思考分析，保持冷静和客观才可以让你头脑更清醒，才可以看清事实。

——积累事实。事实是验证真理的唯一标准，只有切实地去分析和做这件事，你才会有更多的经验，才会更能看清未来的成功道路。

——要勇敢。胆量是成功的前提，有的人做事前总是想东想西、想来想去，利弊权衡之后，胆量就没了，所以也就难以成功了。

## 开发自己的潜能,向着目标前进

我们要相信,在这个世界上,只有坚信一切梦想都可以成为现实,才会让生活向着梦想的方向发生改变。没有对理想的坚定不移,就没有对成功的追逐不息,也就不会有成功的可能。咬住目标不放弃,你会发现生活正在一点点地向你所希望的方向迈进。

有这样一句话:"没有做不到,只有想不到。"我们每个人的身上都存在着未被开发过的领域,你认为的"骨子里就是这样的",其实是对自己缺乏正确的认识。

人在遭遇困境或者绝望的时候,会发挥出比我们想象中还要大的力量,这就是我们所说的潜能。要想取得成功,就要学会发现自身的潜力。

一个年轻人厌倦了"为他人作嫁衣裳",向往到商海一搏。

但在决定实施自己的计划之前,他开始怀疑自己了,因为他发现自己缺少做老板的素质和能力。他在大学学习的是印刷,除此之外,他似乎什么都不明白。

毕业后,他一直在工厂做技术工。和陌生人说话时就像一个害羞的大男孩,不知道应该把手放在哪儿,和女性说话甚至还会脸红。他想办印刷公司,可是他对注册公司的手续以及其中的法律法规一窍不通。最后他得出一个结论:我生来就这样,不善于和人打交道。既然从骨子里就是这样,肯定就是无法改变的,我的梦想只不过是痴人说梦罢了。我注定只能是个平庸的打工仔。

也许你看到这里,也会附和着说:"是啊,一个人骨子里就是这样的,还能怎么改变呢?如果真要改变那岂不就太痛苦了吗?"

但这位年轻人和你的想法不一样。虽然他曾经动摇过,不过他从来也没有放弃。在亲人和朋友的鼓励下,他开始有意识地培养和别人打交道的能力。慢慢地,他就能机敏而圆通地应对各种人物,上至政府官员,下至商店的服务生,他惊奇地发现,原来自己轻易就能获得好人缘。

他开始向印刷厂的老工人虚心请教,如何排版、如何选纸、机器的性能、各种品牌油墨的特点……他结交的那些做老板的朋友也热诚地帮助他筹集资金、注册公司、招聘员工、交流管理经验……不久,他的公司就成立了。他的客户源源不断,很快就开始赢利了。如今,他已经从以前腼腆的打工仔变成了意气风发的大老板。

人生没有不可能。无数企业家、创业者为了追求和实现远大的奋斗目标，甘愿承担艰难困苦。他们以苦为乐，乐在苦中，最大限度地发挥自身的潜力。相反，那些没有远大志向的人，不懂得发挥自身的潜力，浑浑噩噩地生活，白白地浪费自己的一生。

犹太人芬尼斯先生，是"邦迪"品牌的创始人。他出身体育之家，母亲是体操运动员，父亲是体操教练。父母一直希望芬尼斯也能够成为一名运动员。

芬尼斯喜欢长跑，就参加了长跑队。经过几年的训练，却一直没有跑出好成绩，被迫离队回家。之后，芬尼斯被送到他叔叔的经贸公司当职员。在公司里，芬尼斯负责销售工作，一年下来能赚十多万美元。四年后，他叔叔想要提拔他，并征求他的意见。

芬尼斯仔细想了想，觉得他叔叔的公司并不完全适合自己的发展，他想要自己开一家鞋业公司，希望运动员能够穿着他造的鞋，在绿茵场上展示雄风。

芬尼斯对制鞋业几乎一无所知，于是就到处找制鞋专家求教，学到了制鞋的常识。他不顾家里人的反对，利用自己在叔叔那儿赚得的钱，创办了芬尼鞋业加工厂。他利用自己的所学，亲自培养了一批制鞋工人。后来由于手艺精良，在当地有了小名气，开始专门为迪乐公司加工"迪乐"牌皮鞋。芬尼斯制鞋厂生产的皮鞋手工细致，款式时尚，经久耐用，销售得一直不错。

然而，芬尼斯先生并不满足已经取得的成就，他决定打造自己的品牌。经过市场调研，他发现运动鞋在这个市场上很有发展，同时也很畅销。他决定把自己的品牌"邦迪"打造成世界名牌。他一直向往着，也在努力着。每四年一次的世界运动赛事就要到了，芬尼斯打探到赛事情况，国家马术队名将迪奥尼斯获得冠军的可能性极大，于是，芬尼斯就不分昼夜地为迪奥尼斯研发了马术专用鞋，并托关系免费将鞋送给迪奥尼斯。不出所料，迪奥尼斯在比赛中获得了冠军，从此"邦迪"的牌子家喻户晓，享有了盛名。经过不懈努力，芬尼斯制鞋厂成了世界上备受欢迎的鞋业公司，他的资产也大幅增加。

在竞技场上，芬尼斯先生虽然没有取得骄人的成绩，但他却没有气馁，而是有着自己的计划。通过充分发挥自己的潜力，最终实现了梦想。

有时候，人的潜能就是很大，能够为了理想和目标，坚持战斗到生命的最后一刻。我们也要有在困难面前永不退却的决心，发挥自身潜能，为实现理想而奋斗。

历史靠人去开创，未来靠我们去打造。信心，是一个人最大的资产。只要拥有坚如磐石的信念，就可以取得常人难以想象的成功。

## 用发展的眼光看自己

对于一只没有目标的船来说,任何方向来的风都是逆风。所以,我们不能让自己的人生白白消耗在无止境的困境之中。用发展的眼光看待自己,让眼界超前行动一步,做一些恰当的预测和规划,你就会知道路在何方。

马克思曾说:蜜蜂建筑蜂房的本领使人类的许多建筑师感到惭愧。但是,最蹩脚的建筑师一开始就比最灵巧的蜜蜂高明的地方,是他在建筑蜂房以前就已经在自己的头脑中把它建成了。建筑师的图纸,就是他的超前思维。

每个人都要有自己的生活图纸。常常听到身边有人感慨:"不知明天会怎样?""前途茫茫,过一天算一天吧。""看不到未来呀,路在何方?"……凡此种种,都是因为我们缺乏一个对自己的展望。

在生活和工作中，思考问题要有超前思维，看清事物的发展规律，用发展的眼光看问题。思维超前了，就可以做到事事超前。

无论是政治家、军事家还是企业家，要想在现代社会中立足并有所作为，都必须掌握并运用超前思维去赢得时间、争取主动。通用电器公司董事长曾说："我整天没有做几件事，但有一件做不完的工作，那就是规划未来。"对未来的规划和预见正是超前意识的核心所在。

下棋是个考验人谋略的技艺。人生就和下棋一样，我们不能总是光顾着眼前，还得考虑下一步该怎么走。尤其是当现实生活的不如意让我们变得麻痹的时候，我们更应该仔细想想，明天又是全新的一天，明天的我想做什么？未来的我想成为一个怎样的人？

就在一个星期天的上午，戴维丝经历了一件特殊的事情，这件事给了她一次意外的震撼，使她开始重新思考人生。

那天，她正在卧室里打扫卫生，5岁的小女儿艾丽莎冲了进来，郑重其事地坐到她的旁边。

"妈咪，你长大以后想成为什么？"她问道。

戴维丝的第一个反应就是：孩子又在玩什么想象力游戏了。所以，为了配合女儿，她假装认真地回答道："我想，当我长大以后，我愿意做一个妈咪。"

"你不能这样说，因为你已经是妈咪了。再告诉我，你想成为什么？"艾丽莎紧逼着问道。

"噢，好吧，我想想……我长大后要成为一名会计师！"她再一次回答。

"妈咪，还不对！你本来就是会计师嘛！"

"对不起，宝贝儿。"戴维丝说，"但是我真的不明白你在期望一个什么样的答案。"

"妈咪，你只要回答你长大后想成为什么就可以了。你可以是你想成为的任何人！"

戴维丝愣住了，自己到底还能成为什么呢？她已经35岁，已经有了固定的职业，还有三个活泼可爱的孩子，有一个称职的丈夫，拥有硕士学位……对她来说，人生难道还能有什么其他的改变吗？

她调整了一下自己，然后用一种征询的语气问女儿："宝贝儿，你认为妈咪还能成为什么人？"

艾丽莎看着妈妈，十分肯定地告诉她说："你可以成为你希望成为的任何人！不过，这要由你自己决定。你可以成为一个宇航员，也可以成为一个钢琴家，或者成为一名好莱坞明星……总之，只要你愿意，什么都可以！"

戴维丝非常感动——在女儿幼小的心灵中，妈妈还可以继续长大，还有许多机会去成为她想成为的人。在她眼里，未来永远不会结束，梦想永远都不过时。

那一次交谈过后，戴维丝开始了全新的生活……她开始起早锻炼身体，开始把每晚看肥皂剧的时间变为"读10页有用的书"，她开始用新奇的眼光观察周围的一切。

她在改变自己，虽然表面上她并没有什么变化，但她的心已经改变了，它时刻在为自己变成另一个新角色做准备。她有了理想和憧憬：我长大以后会成为什么？

要知道，我们到底能成为什么人，取决于我们想成为什么人。所以，我们要时刻想着未来，考虑如何规划未来。

一所国际知名大学30年前曾对当时的在校学生做过一项调查，内容是个人目标的设定和规划情况。调查数据显示，没有目标和规划的人有27%，有目标和规划模糊的人有60%，有短期目标和规划清晰的人有10%，有长期目标和规划清晰的人只有3%。

30年后，学校再次找到了这些研究对象，并做了新的一轮统计，结果发现，第一类人几乎都生活在社会的最底层，长期在失败的阴影里挣扎；第二类人基本上都生活在社会的中下层，他们没有太大的理想和抱负，整天只知为生存而疲于奔命；第三类人大多进入了社会的中上层；只有第四类人，他们为了实现既定的目标，几十年如一日努力拼搏、积极进取、百折不挠，最终成了行业领袖或精英人物。由此可见，30年前对人生的展望和规划情况决定了30年后的生活状况。

这就是超前思维的价值所在。用超前的思维看待自己，你会发现一个更全面、更崭新的自我。拥有了超前思维，你就有了前进的方向，就能指引自己不断向前。

第五章

有一万条苦闷的理由,
也要有一颗快乐的心

## 活出快乐，拥有好的情绪

有人说，乐观，是漆黑的航海途中那闪亮的灯塔；乐观，是一望无际的沙漠中那片绿洲；乐观，是漫漫人生旅途中支撑你走下去的动力。只要拥有一颗乐观的心，就可以活出快乐，活出希望。

心理学家麦克斯说过，凡在逆境中打不垮的人，都是事业的成功者，也是最能保持乐观的人。如果一个人面对失败都能泰然处之，那么，成功必然是快乐、难忘的。人生短暂数十载，智者看透了这点，就活出了快乐，每天拥有好的情绪，让自己的生活阳光明媚，色彩斑斓。

山里有一个以砍柴为生的年轻人，诚实勤劳，每天日出而作，日落而息。终于，经过艰辛的劳动，他有了一间可以遮风挡雨的房子。山里的邻居都为他高兴，笑呵呵地告诉他可以娶媳妇了，年轻人很是开心。

一天，年轻人挑着砍好的木柴到城里交货，当他傍晚回到家时，却发现房子起了火。虽然左邻右舍都来帮忙救火，但由于当时风势过大，还是没有办法将火扑灭，一群人只能静待一旁，眼睁睁地看着炽烈的火焰吞噬了整栋小屋。

当大火终于灭了的时候，大家同情地望着年轻人，一时不知该如何劝慰他。但是年轻人并没有号啕大哭，也没有目瞪口呆，他只是在大火熄灭的一瞬间，手持一根棍子冲进倒塌的屋里，不断地翻找着。围观的邻人以为他在翻找藏在屋里的珍贵宝物，就都好奇地在一旁注视着。过了半晌，年轻人终于兴奋地叫着："找到了！找到了！"邻人纷纷上前一探究竟，才发现他手里捧着的是一只斧头，并不是什么值钱的宝物。

但是年轻人异常兴奋地将木棍嵌进斧头里，充满自信地说："只要有这柄斧头，我就可以再建造一个更坚固耐用的家。"

曾经有两名穷困潦倒的瓦工，在炎炎烈日下辛苦地砌着一堵墙。一名路人走过，问他们："你们在干什么？"第一位瓦工头也不抬，疲倦地说："我们在砌砖。"第二位瓦工却对路人灿烂一笑，说："我们在修建一座美丽的剧院。"

八年后，第一位瓦工仍然是一个瓦工，生活仍然颠沛流离，为人砌砖成为他全部的工作。而第二个瓦工却成了一个颇具实力的建筑师，富有且享有盛誉。

为什么同是瓦工，他们的成就却有着如此巨大的差别？关键就在于心态。

从他们的回答中，我们就可以看到差别。第一个瓦工的话语中透着认命和悲观，他情绪低落，觉得砌墙很辛苦，所以，八年后，他还是一个瓦工。而第二个瓦工的心态却非常好，他不认为自己只是个低级的瓦工，而是把砌墙当成一种艺术。正因为他有一颗时刻快乐的心，所以能坦然地面对一切并不断激励自己，最终成为一个优秀的建筑师。

人和动物的最大区别就在于人有理智，人类可以控制自己的情绪。中医和心理学家都告诉我们，怒伤肝、忧伤肺，悲观的情绪容易使人衰老，所以要拥有一颗快乐的心和良好的情绪。

世界文豪托马斯·卡莱尔曾经遭遇这样一件事：他辛辛苦苦写的一部手稿被侍女当成废纸在生火煮饭时烧掉了。卡莱尔发现后顿时恼怒万分，但冷静后，他反而笑了。稿子反正也回不来了，为什么不去想解决问题的方法呢？于是，他开始静下心来，逐字逐句地回忆原文，并以更加出色的笔调与文采将书重新写完。

结果你可能已经猜到了。没错！这本被侍女烧掉，又被托马斯重新回忆、润色的手稿就是当时名噪法国乃至全世界的《法国大革命》，一部跨越时代的巨著。

可以说，成功的人往往都保持了乐观的心态，凡事都往好的一面看。然而，很多人在经历一两次小小的挫折时，就习惯于将其归咎于别人给予自己的不公，埋怨责备，久而久之，就会被这种消沉击垮，导致缺乏信心，生活一落千丈，当然，也就毫无乐观可言了。

对每个人而言，都要微笑着面对失败，不要抱怨生活给予你太多的磨难，不要只看狭小的一面，要放眼世界，乐观些，不计较小小的挫折，即使挫折的次数再多，也要永不言败，微笑着面对。

可以说，一个人只要有了乐观思考的习惯和控制自我的能力，便有了克服所有艰难而获取成功的信心。做自己情绪的主人，就要活得快乐，活得开心，只有这样，才可以用百倍的精力去迎接生活中的每一次挑战，顺利征服一道道关口。

## 你无法改变环境,但可以改变心境

普希金说:"假如生活欺骗了你,不要忧郁,不要愤慨;不顺心时暂且忍耐。相信吧,快乐的日子将会到来。"的确,我们无法改变天气,无法改变环境,也无法左右他人的思想。但是,我们可以改变自己的心境。

苏格拉底拿着一个苹果对学生们说:"请大家闻闻空气中的味道。"一位学生很快便举手说"有苹果的味道"。苏格拉底走下讲台,举着苹果慢慢地从每位学生身旁走过,并要求大家仔细地闻一闻,然后苏格拉底重新回到讲台上,问:"空气中有什么味道?"大家异口同声地说:"空气中有苹果的味道!"苏格拉底摇摇头,然后向大家宣布:他手里拿的那只苹果是假的。

这就是心理暗示的力量。从心理机制上讲,心理暗示是一种被主观意愿肯定的假设，它可以影响我们的判断，左右我们的心情。

1968年，罗森塔尔和福德两位美国心理学家来到一所小学，准备验证他们的"聪明鼠和笨拙鼠"的实验理论是否成立。他们从一至六年级中各选三个班，在这些学生中进行了一次"发展测验"。"测试"结束后，他们随机点出几个学生，以赞美的口吻称赞他们智商很高，以后将有更出色的发展，并通知了相关老师。

一年后，两位心理学家再次来到这所学校进行复试，结果名单上的学生的成绩有了显著进步，而且性格更为开朗，求知欲望更强，敢于发表意见，与老师的关系也特别融洽。这就是著名的"罗森塔尔效应"或称"皮格马利翁效应"，也有人称之为"期待效应"。

"罗森塔尔效应"告诉我们，积极的心理暗示可以更大限度地挖掘人的潜能，让一个普通的人出落成优秀的人。而消极的心理暗示则让人悲观、自卑，让一个普通的人更加平庸，甚至更加落后。

心理暗示既然这么重要，那么，当你无法改变环境的时候，为什么不试试改变自己的心境呢？

安娜是一家电视台的记者，年轻漂亮，又颇有才华。她白天进行财经访问，晚上播报黄金档的新闻，一切似乎都很圆满。有一次宴会，安娜不小心和她的顶头上司——新闻部主管撞衫了。撞衫事件严重得罪了主管，于是安娜的节目以不适合在黄金档播出为由，被改在深夜11点的新闻中播出。

安娜当然知道这是新闻部主管给自己小鞋穿，但她已经给主管道过歉了，可主管仍然不原谅她。

"既然改变不了别人的态度，不如改变自己的心境。"安娜是个豁达的人，她不想因为别人的小心眼而影响自己的情绪，就欣然接受了改播安排，并说："谢谢主管，因为我早盼望能在每晚6点钟下班，然后去夜校进修，却一直没有机会提。"

从此，安娜果然每天一下班就跑去进修，并在晚上10点多赶回电视台，预备夜间新闻的播报工作。她把每一篇新闻稿都事先详细过目，充分消化，丝毫没有任何松懈。

由于安娜的认真和努力，她主持的夜间新闻受到了大家的好评，收视率也有了很大的提高。然后，就有观众不断写信询问，为什么安娜只播深夜新闻，不播晚间新闻？不久，消息就传到了台长那里，台长找来了新闻部主管，责备她私自调动人员，命她立刻将安娜调回7点半的黄金档。

人生在世，每个人都要经过这样或那样的坎，没有谁一辈子会在无风无浪中安度一生。每个人在工作上，都不可能是一帆风顺的。打压下属的顶头上司并不少见，当领导故意和你过不去时，的确令人不快。但是，满腹牢骚有什么用呢？既然无法改变别人，不如像安娜一样，改变自己的心境，去适应环境，进而赢得脱颖而出的机会。

在现实生活中，人的心情难免会受到外在事情的影响。范仲淹写过："不以物喜，不以己悲。"而能达到此境界的人少之又少，但这并不意味着我们注定是心情的奴隶，借用一些方法和技巧，我们完全可以左右自己的心情。

快乐与否，全看自己。身处社会，要适应不同的环境，要和形形色色的人打交道。环境不会因为我们的喜好而改变什么，别人也不可能都是我们所期望的样子。这个时候，我们无法改变环境和他人，不妨试试改变自己的心境，遇见更成功的自己。

## 用平常心去对待身边的一切

在日常生活中,你是否时常感到心力交瘁,疲惫不堪呢?其实,这一切也许都是因为你缺乏一颗平常心,不能用平常心看待自己以及身边的一切引起的。虽然说我们想通过自身努力提高生活质量,这本无可厚非,但如果过度追求物质生活,心态不平衡,那就会让自己陷入无边的痛苦中。

用平常心来看待当下的生活,虽然只是简单的一句话,但在现实生活中,却是人们很难超越的一道坎,因为我们并不懂得何为真正的平常心,也不懂得怎样来保持平常心,更不懂得怎样来利用平常心,更是常常忘记了生活需要保持一颗平常心。

用平常心来看待当下生活,首先需要我们保持一种心境,不仅对周围的环境要做到"不以物喜,不以己悲",更要对周围的人和事做到"宠辱不惊,去留无意"。这样,生活才能有一份平静与和谐。

其实,用平常心来看待当下生活也是一种境界。平常心不是看破红尘,更不是消极遁世,其所要表现的是一种积极的心态。以平常心观不平常事,则事事平常。

现实生活中,也有一些人过得并不富裕,但却活得真实、轻松。为什么呢?关键是心态好,能够用一颗平常心来看待当下生活。有的人可能一生都在不停地追逐名利,却从没停下脚步来认真欣赏一下人生的美景,感受一下生活本身的甜美,在欲望永不满足的心态下,生活对他来说只有一个字:累!其实,人生在世,不如意者十之八九,正如古人所说:人有悲欢离合,月有阴晴圆缺,此事古难全。因此,只有对生命充满感激,对生活充满热爱,珍惜所拥有的,用平常心看待当下的生活,幸福才能常伴左右。

生活需要我们保持一颗平常心,面对失败,能够坦然处之,跌倒了能够再爬起来。面对成功与他人的赞扬,能够欣然接受,但又绝不因此而骄傲,在这种宠辱不惊中笑看生活的起起落落。

用平常心来看待当下生活的人能够看透人生沉浮。毕竟,生活本来就不可能一帆风顺,有成功,也有失败;有开心,也有失落。如果我们把生活中的这些沉浮看得太重,那么生活对于我们来说将永远都没有欢笑。事实上,人生本就有高潮和低谷,何必要让这些本就无法避免的事情主宰我们的情绪呢？如果我们用一颗平常心来看待，就能安然处之，就能时刻体会到人生的乐趣。

用平常心来看待当下生活的人，可以减少忧虑，生活得更加健康。要知道，现代人的很多疾病不仅仅是生理上的，更严重的是来自于心理，而心理上的疾病大多由忧虑所引起。医生指出，医院里一半以上病人的病情都是由忧虑引起的，或因忧虑而加重了病情。

我们往往会发现，先前我们所忧虑的事情简直是小题大做，甚至是荒谬可笑的，只是因为当时缺乏这种平常心的调节而导致心不平气不和。比如说有人会为几乎不可能得的病、几乎不可能发生的变故感到忧虑，事后则发现其实是杞人忧天。

所以，在我们有限的生命中，不管遇到什么样的情况，都要保持一颗平常心，因为你所拥有的一切都是生活的馈赠。你拥有了，生活就会平静，如果失去了，那么道路就会坎坷，人生也会从此不再平静。只有用平常心来对待、品味当下的生活，才能永享安然和快乐。

## 活在当下,精彩每一天

活着是一种幸福,平淡是一种幸福,简简单单是一种幸福。生活中,不可能一帆风顺,种种失败无奈都需要我们勇敢地面对,豁达地处理——我们要活在当下。

托尔斯泰在他的散文名篇《我的忏悔》中讲了这样一个故事:

一个男人被一只老虎追赶而掉下悬崖,庆幸的是在跌落过程中他抓住了一棵生长在悬崖边的小灌木。可是,此时他发现,头顶上那只老虎正虎视眈眈,低头一看,悬崖底下还有一条蟒蛇正盘踞在那里。更糟的是,两只老鼠正忙着啃咬悬挂着他生命的小灌木的根须。

绝望中,他突然发现附近生长着一簇野草莓,伸手可及。于是,这人拽下草莓,塞进嘴里,自语道:"多甜啊!"

生命进程中，当痛苦、绝望、不幸和灾难向你逼近的时候，你是否还能顾及享受一下野草莓？在绝境中，虽然只有一丝丝快乐，那也是最美好的。

活在当下，就是踏实地做好你现在正在做的事情，安心于你现在所处的地方，善待现在与你一起工作和生活的人。"活在当下"就是要你把关注的焦点集中在当下的人、事、物上面，全心全意去接纳、品味、投入和体验这一切。

凡夫迷失于当下，后悔于过去；圣人觉悟于当下，解脱于未来。冷静地面对一切问题，积极不断地超越自我，惜福永不消极怠惰，活在当下就是最美。

我们需要潇洒地活在今天，不要去庸人自扰地预支明天的烦恼。如果你不活在当下，就会失去当下。

有一个乡下姑娘挤了一罐牛奶，把它顶在头上，然后就开始天马行空：这罐牛奶可以卖多少钱，这些钱可以买几只小鸡，小鸡长大了可以下很多鸡蛋，鸡蛋又可以孵出很多小鸡，小鸡长大又可以下很多鸡蛋，这些鸡蛋卖的钱就够买一条漂亮的裙子了。我穿上裙子到王宫跳舞，我的舞姿吸引了王子，王子邀请我跳舞，我要摆摆矜持……她一歪脑袋，牛奶罐掉到地上摔碎了。

当然，活在当下并不等于今朝有酒今朝醉，而是今朝有酒不大醉，不使明朝有忧愁。活在当下，就是要对自己当前的现状满意，要相信每一个时刻发生在你身上的事情都是最好的，要相信自己的生命正以最好的方式展开。

你是选择一味地埋怨生活，从此消沉沮丧、委靡不振，还是要对生活充满感激，跌倒了再爬起来呢？如果我们能够"早上醒来，光彩在脸上，充满笑容迎接未来；到了中午，光彩在腰上，挺直腰杆活在当下；到了晚上，光彩在脚上，脚踏实地做好自己"，那么，我们就等于享受了生命的精彩过程。

大部分美好的事物都是短暂易逝的，我们何不放手做一个笑看花开花落、观云卷云舒的人。放过焦躁苦恼，坐享当下的美好，回归自然，飘逸而行。

## 可以失望,但不可以"绝望"

没有希望的人生没有活力,当我们陷入困境之中,应该正视困难,鼓励自己重新振作。虽然我们失去了一些东西,这只是暂时的,我们没有把未来输掉,未来还有很长的路要走,只要坚定地走下去,终将获得更多宝贵的财富。

人的一生是一个不断得到与失去的过程,没有谁是一帆风顺的。在人生的道路上,得到让人变得快乐,失去则让人难过。得到让我们变得满足,前进的脚步更加坚定,而失去则让我们伤心失望,甚至放弃了努力。

面对挫折,我们很可能变得失望,但只要在失望过后重新振作,定能踏出荆棘,走上平坦大道。但假若我们选择了绝望,那么未来将会变得遥不可及,甚至可能陷入泥潭从此一蹶不振。

很多时候,一个人遭遇失败并非是因为外界因素,而是他选择了绝望,在内心里先放弃了。

当身处逆境时,绝望让人走向无敌的深渊。只有永不绝望,我们才能忍受逆境的磨练,等待机遇的到来,从而走出迷茫与低谷,到达豁然开朗的境地。自助者天助,只要我们没有放弃自己,那么也终会得到命运的垂青,眼前的困难终将过去,幸福会在未来到来。

在逆境中,我们也许会失去工作,失去财富,甚至失去健康,但决不能失去尊严、毅力、勇气和希望。人生可能遭遇失望,但绝不能选择绝望。

史蒂芬·霍金是世界闻名的物理学家,凭借着在黑洞研究领域方面的卓越贡献,他在35岁时便被认为是20世纪最伟大的物理学家。

他之所以成为科学界的传奇人物,并不仅仅因为他是一位杰出的理论物理学家,还在于他是在常人无法想象的身体状况下,进行研究和创造性工作的。

他在少年时得了一种极为罕见的病:肌肉萎缩性侧索硬化症。开始是手脚变得不灵活,而后说话能力逐渐降低,后来连呼吸都必须借助医疗器械完成,最终,他完全瘫痪了,没有语言能力,全身只剩下左手的两个手指能动。

庆幸的是,他的意识十分清醒,他的大脑一如既往地好用。

由于失去了语言和书写能力,他无法同外界进行交流。然而霍金并没有绝望,他充满了活下去的勇气。人们为他设计了特殊的轮椅,上面安装了一个带有键盘的合成发生器,霍金用他那能动的两个手指,将自己想说的话一个字母一个字母地敲出来。

身体的瘫痪并没有使他放弃对物理学的兴趣。他凭着坚强的意志和惊人的毅力,在理论物理学研究中做出了巨大的贡献。

人的意志力具有无穷的力量,无坚不摧的意志能帮助一个人战胜很多看起来无法战胜的困难,创造出令人震惊的奇迹。具有坚强意志永不放弃的人,具有超越常人的忍耐力,这种忍耐力能让他们锲而不舍,永不绝望。一个人只要有这种可贵、卓越的品质,终将获得预期之外的收益,取得别人望尘莫及的成功。

天下熙熙,皆为利来;天下攘攘,皆为利往。很多人都在追求财产、地位,认为这是最为重要的东西,实则不然。对每个人来说,最重要的莫过于心中那永不言弃的意念。因为那种毫不计较得失、为了巨大希望而活下去的人,定会生出勇气,不害怕苦难,定会激发出巨大的激情,成为人生的胜利者。

## 停止抱怨,保持良好的做事心态

许多时候,人们只注意光彩夺目的珍珠的美丽,谁会去注意那蚌的漫长痛苦的经历?很多人抱怨命运不公,抱怨生活坎坷,抱怨怀才不遇。然而,如果你就是那个含珠的蚌,总能迎来生命辉煌的一天。那还有什么可抱怨的呢!

在美国某个城市,有一位先生搭了一部出租车要到某个目的地。

这位乘客上了车,发现这辆车不只是外观光鲜亮丽,这位司机先生服装整齐,车内的布置也十分典雅。

车子一启动,司机便很热心地问车内的温度是否合适,又问他要不要听音乐或是收音机。

后来,司机在一个红绿灯前停了下来,回过头来告诉乘客,车上有早报及当期的杂志,前面是一个小冰箱,冰箱中的果汁及可乐如果有需要，也可以自行取用，如果想喝热咖啡，保温瓶内也有。

这些特殊的服务，让这位上班族感到很意外。他不禁望了一下这位司机，司机先生愉悦的表情就像车窗外和煦的阳光。

又过了一会儿，司机先生对乘客说："前面路段可能会塞车，这个时候高速公路反而不会塞车，我们走高速公路好吗？"在乘客表示同意后，这位司机又体贴地说："我是一个无所不聊的人，如果您想聊天，除了政治及宗教外，我什么都可以聊。如果您想休息或者看风景，那我就会静静地开车，不打扰您了。"

从一上车到此刻，这位常搭出租车的乘客便充满惊奇，他不禁问道："您是从什么时候开始这种服务方式的？"

这位专业的司机说："从我觉醒的那一刻开始。"

司机继续说到那段觉醒的过程。他之前经常抱怨工作辛苦，人生没有意义，但在不经意里，他听到广播节目里正在谈论人生的态度，大意是你相信什么，就会得到什么，如果你觉得日子不顺心，那么所有发生的事都会让你觉得倒霉；相反，如果你觉得今天是个幸运的日子，那么这一天每次所碰到的人，都可能是你的贵人。

"所以我相信，人要快乐，就要停止抱怨，要让自己改变。就从那一刻开始，我创造了一种新的生活方式：第一步，我把车子里里外外整理干净，又装了一部专线电话，印了几盒高级的名片。我下定决心，要善待每一位乘客。"

目的地到了，司机下了车，绕到后面帮乘客开车门，并递上名片，说了声："希望下次有机会再为您服务。"

结果证明，这位出租车司机的生意没有受到不景气的影响，他很少会空车在这个城市里兜转——客人总是会事先预定他的车。他的改变，不只是获得了更好的收入，而且更从工作中得到了快乐。

这个故事，可以让我们得到一些启示：你可以选择你要的人生。抱怨只会让事情更糟糕，你可以选择早晚抱怨别人，也可以在觉醒后力图振作。它不一定是推翻过去所有的生活步调，它可以是一个当下念头的转换，或是一个行为的修正。不放纵自己的言行，让自己的善言善行慢慢变成良好的习惯，人的时运也将有所改观。

但是，在实际生活中，抱怨是一种比较普遍的社会现象，贯穿于人们生活的始终。很多人似乎都生活在一种抱怨文化中，他们的想法、感觉、做法常常会因为抱怨、争吵、吹毛求疵、批评而受到影响。出现差错时，大多数人的第一反应就是"该抱怨谁呢？"

抱怨在我们的生活中是如此普遍，我们对它已经习以为常，可是却很少有人注意到在抱怨中我们丧失了太多的机会和工作热情，而那些不去抱怨外界，积极热情地生活的人，在这个时候已经走在我们的前面了。其实，更多的时候，抱怨不过是把生活中的一些没有必要的事情想象成了假想敌，从而做了无用功。

当你抱怨时，你就是用不可思议的念力在寻找自己说不要却仍然吸引你的东西。然后你抱怨这些新事物，又引来更多不要的东西。你陷入了"抱怨轮回"，这样一直反复延续，永无休止。所以，我们做事的时候要学会保持一个良好的心态，这样才能避免浪费机会，成就理想的人生。

女孩小丹带着自己精心创作的作品到一家知名的广告公司面试。小丹抽的面试号是最后一个，等待的过程漫长而紧张。为缓解疲劳，小丹向公司的接待人员要了一杯温水。而接待人员在给小丹送水时，不小心将杯子打翻了，水全都洒到了那张作品上。作品变得皱巴巴，原本鲜明的线条也变得模糊了。

小丹一下子愣住了。该怎么办，这可是面试时要用到的作品，没有作品她怎么向考官解释自己的创意和构思呢？小丹知道现在抱怨接待人员没有用，埋怨运气不好更没用。稍微冷静了一下，她赶紧向接待人员借来了纸和笔。在有限的时间里，她专心地用一张白纸将自己创作的作品简单地又描画了一遍，用另一张白纸将原作品被淋湿的事情大概地叙述了一下。最终，小丹从众多的面试者中脱颖而出，被公司录用了。主考官后来跟她说："广告注重创意和变通,你的作品虽然简单,但却体现了这点。"

所以说,与其在不如意时一味地抱怨,不如尝试着去改变,改变自己、改变现状,将生活变得如意起来。因为,抱怨只是一种情绪的发泄,于事无补。如果不抱怨,保持一个良好的心态,你会发现,通过努力,你能改变事情,并获得成功和幸福的体验。

## 第六章

坚持自己的风格,让别人说去吧

## 保持个性,因为独特就是优势

每个人都是这个世界上独一无二的个体,各有各的优缺点。如果所有人的优缺点都一样,那世界就没有了生机。所以,如果你有自己的特点,就不要随意为了谁而改变它,哪怕对方认为这不好,也没必要改,否则你就不是你了。

当我们检视自己的DNA时,会发现和黑猩猩并没有太大的不同。但却正是因为这微小而又微妙的差异,彻底改变了世界,让我们成为"人类"。而即使是普通人,也能看出类人猿——大猩猩、黑猩猩、猩猩与人类是多么的相似。

科学家在几十年前就得出结论:黑猩猩是人类的近亲,其基因大约有98%~99%与人类相同,而这1%~2%的极细微基因差异却散布于整个基因组,是所有其他差异的根源。农耕、语言、绘画、音乐、技术以及哲学,所有这些文明成就将人类与黑猩猩截然分开,并使穿上西装的黑猩猩看上去那么滑稽可笑。

生活中,一味地模仿之所以不可为,原因之一就在于它抹杀了个性。同为名山,华山险,泰山雄,黄山奇,峨眉秀。这就是不同的个性。

山如此,人亦然。画家的个性挥洒在作品的线条里,诗人的个性倾注于作品的情感里,音乐家的个性融合在作品旋律里……

事实上,保持自身的个性和尊重别人的个性同样重要。不能保持自身的个性是一种"懦弱",不能尊重别人的个性是一种"霸道"。

曾经看到过这样一个故事,有人教育自己的儿子说:"你的一言一行,都应当效法你的老师。"一天,儿子遵照父亲的吩咐,侍奉老师吃饭。结果老师吃饭,他也吃饭;老师喝水,他也喝水;老师侧身,他也侧身。老师看见了,忍不住笑了,放下碗打了个喷嚏,这个孩子无法强迫使自己也打喷嚏,只好鞠躬向老师道歉说:"老师的这种妙处,学生实在是难学啊。"

这只是一个笑话,可是在现实生活中又有多少这样的人呢?他们不顾自己与别人的种种差异就照搬一切,到最后突然发现,怎么自己还是不行?太多本来有棱有角的人经家庭、学校、社会步步地改造,最后都沦为平庸之辈。

一个企业、一个部门,都有它的文化。如果我们不能融入这种文化，就不能为大家所接受，就必然会带来很多摩擦，遇到很大阻力。但是，我们又都是独立的、完整的人，不应该成为别人的复制品。因此，保持自己的特色也是非常必要的。

所以，不要因为自己与众不同而觉得惴惴不安，那恰恰就是你特别的地方。成长的过程的确需要不断学习，需要不断完善自我，但这不是盲目的模仿，而是要懂得学习他人的长处，同时也要保持自己的个性。

有这样一个故事相信你并不陌生：在一次讨论会上，一位著名的演说家没讲一句开场白，手里却高举着一张面值为20美元的钞票。

面对会议室里的200个人，他问："谁要这20美元？"一只只手举了起来。他接着说："我打算把这20美元送给你们当中的一位，但在这之前，请准许我做一件事。"说着，他将钞票揉成一团，然后问："谁还要？"仍有人举起手来。

他又说："那么，假如我这样做又会怎么样呢？"他把钞票扔到地上，又踏上一脚，并且用脚碾它。然后他拾起钞票，钞票已变得又脏又皱。

"现在谁还要？"还是有人举起手来。

"朋友们，你们已经上了一堂很有意义的课。无论我如何对待那张钞票，你们还是想要它，因为它并没有贬值，它依旧值20美元。在人生的道路上，你们会无数次被自己的决定或碰到的逆境击倒、欺凌甚至碾得粉身碎骨,你们觉得自己似乎一文不值。但无论发生什么,或将要发生什么,在上帝的眼中,你们永远不会丧失价值。在他看来,无论肮脏或洁净,衣着整齐或不整齐,你们依然是无价之宝。生命的价值并不依赖我们的所作所为,也不仰仗我们结交的人物,而是取决于我们本身!你们是独特的——永远不要忘记这一点!"

也许一个人的个性不合乎"潮流",却合乎生活本身。为了追赶"潮流"而改变个性,那不过是做了一篇虚情假意的"文章"而已。潮流总是不断地在改变,你的文章难道也要一次次重写吗?

狭隘的人总要扼杀别人的个性,软弱的人总要改变自己的个性,坚强的人则习惯自然袒露真实的个性。那么,你要做一个怎样的人呢?

## 保持自我,不要让平庸斩掉你个性的枝叶

要想避免别人左右自己的思想,需要付出很大的勇气。但是,只有敢于坚持沿着既定方向前进的人,才能呼吸到自由的空气,享受幸福的人生。

达尔文说过:"物竞天择,适者生存。"只有适应环境的人,才能拥有属于自己的立足之地。但是,适应环境并不意味着随波逐流,而是指保持自我,不让平庸斩掉自己个性的枝叶。

如果说成长和进步是一棵成长的树,那么自我和定位就是养护这棵树的土壤。在这一组关键词里,自我和定位是最基础的,统领着其他关键词。如果你不能准确地认识自我,判断自我,保持自我,超越自我,就不会有前进的方向和目标。

然而,在成长的过程中,我们会遇到形形色色的诱惑,在这

些诱惑当中,有些人把持不住,迷失了自己。

乔治和琳达是非常要好的朋友。有一天,乔治对琳达说:"咱们来打个赌吧。"琳达的热情被激发起来,便答应了。

乔治说:"如果我送给你一袋狗粮,你把它放在家中最显眼的地方,那么,我保证你妈妈不久就会去买一只小狗回来。"

琳达笑了起来,说:"那是不可能的,我妈妈最讨厌养宠物了,因为那是一件非常让人伤神的事,所以我相信这次打赌我一定会赢。"

于是,乔治就去买了一袋名牌的狗粮送给了琳达,并且看着琳达把它放在了家中最显眼的地方。

后来,只要有人到琳达家做客,就会问她的妈妈:"克里斯蒂娜,你家养狗了吗?什么时候买的?什么品种?"

琳达的妈妈告诉客人说:"我从来都没有养过狗啊,你知道,我很讨厌宠物。"

客人不解地问:"既然你从来没有养过狗,那你买一袋狗粮干什么啊?这种牌子的狗粮很贵的。"

就这样,每当有人来拜访,都会问琳达的妈妈同样的问题,琳达的妈妈在为他人解释的过程中感到异常疲惫,因此她最终屈服了,真的去买了一只小狗回来,把乔治送的那袋狗粮用上了。因为她知道,如果再不买只小狗,她肯定会被那些无休止的解释搞得疲惫不堪。

其实,要真正做到保持自我是极难的,因为这需要相当的勇气、自信和才干。

当然,保持自我和不求改进是两回事。事实上,一个人要能一直做到保持自我,必须要不断学习、改进才行,否则在人前展现的将永远是一副单调乏味的老样子,缺乏生趣与魅力,这样,他的自尊和自信便会大打折扣。

我们要雕琢自己的个性并且努力维护和欣赏自己的个性,当然还要学会欣赏别人的个性。只有悦纳自我、悦纳他人,才能被他人悦纳。

一名少女从田纳西州来到纽约北部。她站在戏剧夏令营的舞台上,虽然天气是那么好,可她的心情却一点也不好。因为她不是那种身材颀长、丰腴美艳的好莱坞式美女,实际上她形容自己是"土里土气,还有点傻"。

从六岁开始,里斯·威瑟斯庞就梦想着成为一名乡村歌手,多莉·帕顿是她心中的偶像。但她一点都不像多莉·帕顿,她胸部扁平,身材纤细。

然而,整个夏天她都在尽全力地表演舞蹈和唱歌。老师告诉她,她应该发挥自己的长处。如果想在这一行发展,就不要走自己不擅长的性感路线,而要更好地专注于自己的特长,为自己喝彩。

她已经上了三年的声乐课程,但夏令营结束时,老师们还是告诉她应该忘掉唱歌这件事儿,另谋出路。在外人眼里,如果说里斯确实有天分的话,那也被她纤细的身材和厚如瓶底儿的眼镜遮盖住了。

虽然心有不甘,可她还是听从了建议。毕竟,她有什么理由怀疑专业人士呢?

但回到位于纳什维尔的家里,她的妈妈——一名风趣、快乐、乐观的儿科护士——可不会让里斯感到丝毫的沮丧。她的爸爸是一名医生,他鼓励女儿在学业上有所成就。于是,她继续努力,终于被斯坦福大学录取。

19岁那年,她出演了一部低成本电影《极速惊魂》,这为她后来在《欢乐谷》中争取到真正重要的角色奠定了基础。而她真正的破冰之作是影片《律政俏佳人》。

她暗下决心:"既然自己没有唱歌的天分,又不是光彩照人,那就尽力演出。要想在这行做下去,就不要在性感上做文章了——自己不是那种类型的,最好在自己擅长的方面下工夫。"这时,她接到片约,邀她出演约翰尼·卡什——一个饱受折磨的乡村歌手的妻子。这是个需要演员有唱功的角色,该片约又把她带回到纳什维尔的家乡。

突然,旧时所有的恐惧感又回来了。一名记者报道说,她在台上实在是太紧张了,甚至在一边"准备了呕吐时要用的痰盂",她自己也承认,"每唱完一幕回到后台,自己都在发抖。"但她始终没放弃那部电影，也没放弃自己。

她用六个月的时间重新开始学习声乐。此外，她还学会了演奏竖琴——不懈的努力让她重拾信心。

2006年3月，她走上了另一个舞台——好莱坞的柯达剧院。凭借在影片《一往无前》里饰演的琼·卡特·卡什这一歌唱者的角色，她获得了奥斯卡最佳女演员奖。她在片中饰演的角色令人心碎，也让人心暖。

最后，当你重读里斯·威瑟斯庞的故事时，想想她遇到的挫折，会不会得到这样的启示：与其找借口解释梦想为什么不能实现，不如坚持梦想，保持自我，永不放弃。

## 拥有自己独立的风格

很多年轻的人,人生观和世界观还都不算成熟,受到他人影响是很正常的。如果想要成功,那么不仅要专注于一件事,还要保持自己的相对独立性。不管环境发生怎样的变化,只要你对自己有信心,对自己的梦想有信心,那就坚持下去,独立下去,终能成就未来。

清朝"扬州八怪"之一郑板桥自幼酷爱书法,刻苦临摹古代著名书法家的各种字体。经过一番苦练,他的字写得几乎和前人一模一样,能够以假乱真了。

但奇怪的是,大家对他的字并不怎么欣赏,于是郑板桥比以前练得更加刻苦。一天,他和妻子坐在外面乘凉,他用手指在自己的大腿上写起字来,写着写着,就写到他妻子身上去了。他妻子生气地把他的手打了一下说："你有你的身体，我有我的身体，为什么不写自己的体，反而写别人的体？"

郑板桥猛然间醒悟，是啊，各人有各人的身体，写字也各有各的字体嘛。我不能总是学人家的字体，要有自己的字体才行啊。从此，他开始取各家之长，融会贯通，终于形成了雅俗共赏的"六分半书"，也就是属于自己的"郑体"，成了清代享有盛誉的书画家。

世界上没有两片完全相同的叶子，人也不例外。没有人可以代替你，你就是你。也许有的人外貌与你相似，也许有的人性格和你相似，但是没有一个人是与你完全一样的，在这个世界上，你就是独一无二的，你要形成自己的个性，对事情要有自己的看法，不要因为他人的意见就否定自己。

在年近七十时依然风采依旧、身材惹火的影星索菲亚·罗兰，被人们称为"不老女神"，世界各地都有人欣赏她那独特的美。在某年的奥斯卡颁奖晚会上，索菲亚·罗兰给罗伯托·贝贝尼颁发最佳外语片奖时，罗伯托由衷地说道："与你的美丽相比，奥斯卡简直算不了什么。"该年年末，她在"世界千禧美人"评选中荣获第一名。

在人们心中，索菲亚的美是永恒的。可是，谁又能想到她幼时因瘦小被人称为"牙签索菲亚"呢？在她刚出道的时候，很多摄影师都认为她的鼻子太长、臀部太大。他们认为如果索菲亚·罗兰不整形,将是一个没有前途的演员,因为她不符合人们的审美标准。

但这位后来被评为"世界上最美丽的女人"的女子不为所动。有一次,当一位导演提出要她做整形手术时,她说:"我当然知道我的外形跟那些已经成名的女演员很难归为一类。她们相貌出众,五官端正,而我的脸的确毛病很多。但我认为这些毛病组合在一起反而会让我更具魅力。我要保持我的本色和个性,我不想因为别人的看法而改变自己。"

正是凭借这种无比强烈的自信,索菲亚·罗兰打动了导演,进而打动了全世界的影迷,成为与玛丽莲·梦露齐名的性感明星。她那无上的自信风情,摄人心魄的笑容,洞悉一切的眼神,组成了她独特的风格,俘获了无数人的心。

可是,假如当初她整容了呢?整成了一个身体各个部位都中规中矩的大众美女的索菲亚·罗兰,还有这种摄人心魄的魅力吗?所以说,你就是你,保持真我本色就可以了,没有必要"上帝给你一张脸,你自己再造出一张脸"来。

容貌如此,着装如此,行事也是如此。

一个人坐上一条小船,有人将船推入河中吩咐他划向对岸,船中有把桨。可事与愿违,小船被水流冲着,无法接近目标。只见河面上有不少船也在漂荡,有人挣扎着,有人干脆放下桨。这个人的船随着大家一起漂流,他以为方向还是很正确的。

突然,他听到如雷的水声,发现前面是险滩,许多破船就在下面。他意识到自己也要船毁人亡,这时才清醒过来。他想起那两把桨,想起应去的彼岸,于是他奋力划船,逆流而上,终于脱离了险境。从那以后,他明白了,众人都认可的事情有时并不一定正确。

当然,跟着别人一起走很省力,看起来也没什么危险。前面有人开道,后面还有人继续,毫不费力就可以向前。可你是否想过实际的情形呢?保持自我的本色,用自我创造性去赢得一个新天地,才会让生命更有意义。

有时候,独立也意味着你要作出与别人不一样的选择。如果趋同,就意味着没有新意,那么怎样才能够脱颖而出呢?只有创新,别出心裁,才能有所成果。

有一年,市场上的苹果供过于求,果农们遭受了很大的损失,纷纷放弃种植苹果。可是有一个聪明的果农却想到:要是我的苹果能够与众不同,不就可以打开销路了吗?他想给苹果增加一个祝福功能,也就是让苹果上出现"喜"、"福"等喜庆字样。

于是在第二年,当苹果还长在树上时,他就把提前剪好的纸样贴在了苹果朝阳的一面,如"喜"、"福"、"吉"、"寿"等。果然,由于贴了纸的地方阳光照不到,苹果上也就留下了痕迹——比如贴的是"福",苹果上也就有了清晰的"福"字了。

结果,在该年度的苹果大战中,他的"祝福"苹果独领风骚，他也因此赚了一大笔钱。

转眼到了第二年，别人也学会了他的做法，可是这个果农又想了一个办法——他早已将苹果一袋袋装好，且袋子里那几个有字的苹果总能组成一句甜美的祝词，如"寿比南山"、"一帆风顺"、"祝您幸福"、"永远想念你"等等。比起单调的一个字，这种有祝福语的苹果自然更受欢迎了。

正是因为创新，正是因为独立，才能使"福"字苹果成为畅销品。人生也是这样，只有作出独立的选择，才能与众不同。

不可否认，人生中有很多诱惑。如果你不清楚自己的选择、不能坚持自己的选择，那么势必会丧失独立性，成为芸芸众生中迷茫的一员。选择自己所喜欢的并勇敢地坚持下去，你才能成就不一样的未来。

## 激发创造潜能,将你的能力无限放大

人人都有优点,在我们每个人看似平淡无奇的生命中,都蕴藏着一座丰富的金矿,那就是我们的优点和长处。所以,我们要从自己曾经有过的不足之中走出来,寻找自身优点。

有个故事是这么说的:老师在黑板上挂了一张"画"——白纸中画了一个黑色的圆点。"你们看见了什么?"老师问。全班学生一起回答:"一个黑点。"老师说:"只说对了极少一部分,画中最大的部分是空白。只见小,不见大,就会束缚我们的思考力。成千上万的人不能突破自己,原因正在这里。"这个黑点恰似人的缺点。盯住自己的缺点不放,你就会成为一个自卑的人。盯住别人的缺点不放,你则会失去世界上所有的朋友。

自卑可以通过努力克服,那就是寻找自己的优点,期许自己超越自己，愿意锲而不舍地努力，发挥自身潜能。乌龟永远没有兔子跑得快，但它的寿命却很长久。所以，每个人都应充分了解自己，懂得自己的优势，选好了目标再去奋斗。这样就会如鱼得水，事半功倍，在人生的长河中少走弯路。

很多成就卓著人士的成功，首先得益于他们充分了解自己的优点，根据自己的优点来进行定位或重新定位。

一个穷困潦倒的青年来到法国巴黎，他期望父亲的朋友能帮他找到一份谋生的差事。

"你精通数学吗？"父亲的朋友问他。青年羞涩地摇头。

"历史、地理怎么样？"青年还是不好意思地摇头。

"那法律呢？"父亲的朋友接着问。青年都只能摇头告诉对方——自己似乎一无所长，连一个优点也找不出来。

"那你先把自己的地址写下来吧，我总得帮你找一份事做呀。"青年羞愧地写下了自己的住址，急忙转身要走，却被父亲的朋友一把拉住："年轻人，你的名字写得很漂亮，这就是你的优点啊！你不该只满足于找一份糊口的工作。"

把名字写好也算一个优点？青年在对方的眼里看到了肯定的答案。"哦，我能把名字写得叫人称赞，那我就能把字写漂亮；能把字写漂亮，我就能把文章写好……"受到鼓励的青年，一点点放大自己的优点，前行的脚步越发轻快。数年后，青年果然写出了许多经典作品。他就是法国著名作家皮埃尔。

许许多多平凡的人，都拥有"能把名字写好"这种小的优点。只要我们能挖掘到自身优点中的哪怕一点点，并不断地将其放大成超越自己和他人的明显优势，从现在开始，努力学习，努力做事，相信都会获得成功。

当然，要想发现自身的优势，首先要做到对自我价值的肯定，这不但有助于我们在工作中保持一种正面的思考，也会激发我们内在的精神力量。而这份力量必须加以训练和引导，才会使我们在工作中的表现发挥到极致。

动物们聚在一起，决定办一所学校，教育委员会由狮子、老鹰、海豚和鸭子组成。

狮子认为跑步应该成为必修课，老鹰则认为所有的动物都应该学习飞翔。海豚说："不学游泳，就不是真正办教育。"

汇集了大家的建议，委员会出台了一份教学大纲，开头写道："动物王国的每个在校学生都要学会教学大纲规定的所有课程。"

狮子在跑步课上表现最好，但其他各门功课均问题重重：它总是从树上摔下来，弄得四脚朝天，更不要提飞翔了。由于不得不一次次地练习飞翔，它的脊柱受了伤，连跑步都无法正常进行，结果跑步课也没能得到高分。

老鹰比狮子强，依靠着强有力的翅膀，它好歹过了跑步课。然而游泳却打湿了它的翅膀，使它变得虚弱无力。结果别说游泳，就连原本不在话下的飞翔课也差一点不及格。

海豚肥胖的身体一离开水面就变得笨重不堪。它无奈地看着另两门课的教材，只好选择了放弃——看来自己是拿不到毕业证书了。

鸭子倒是学会了所有课程，但没一样精通：跑起步来像醉汉，游起泳来瞻前顾后，飞翔水平更是马马虎虎，不过大家总算在它身上看到了教学成果。

从故事中可以看出，我们应该通过某种方式激发自己的潜能，而不应一味求全，埋没了自身的优势。如果我们不想让自己成为没法跑步的狮子，不能飞翔的老鹰，离开水就一事无成的海豚和平庸的鸭子，就应当充分发挥自身的优势。

## 不要随便打破自己的底线

在当今时代,做人、做事都要讲原则。没有原则,忘记原则或者放弃原则,都是很危险的。我们应当看到这一点,成功者之所以成功,很大程度上是他们对规律进行探索与遵从原则的结果。

现实生活中,很多人爱耍小聪明,小聪明的逻辑是"以成败论英雄",而不是以原则论英雄。可问题在于,如果个人的成功不是建立在公平竞争这些原则之上,那么,无论你赚了多少钱,无论你得到多少利,无论你有多大的名,都不是真正意义上的成功。

什么是原则?原则就是一个人说话或行事所依据的法则或标准,是做某件事或解决某个问题或在某个领域里不可缺少的禁止性规定。所以,我们做人不能没有原则,不能没有衡量对错的尺度，如果自己都不知道哪些事该做，哪些事不该做，那么，就很容易误入歧途。有人拿"人在江湖，身不由己"来为自己的不讲原则开脱，实际上，一个人越是成功，越要承担应该担负的责任。

严老板和温老板都从事出版行业，他们虽然是好朋友，性格却有很大的不同。严老板做事一板一眼、要求极其严格。印刷厂为他印书，即使出一点小毛病或迟两天交货，严老板绝对会扣钱，所以印刷界给他起了个外号叫"阎王"。

至于温老板，则正如他的姓，做事总是不紧不慢，脾气更是温和，每次印刷厂出错或拖工，虽然温老板的生意大受影响，他却从不扣印刷厂的钱，大不了板起脸抱怨两声，所以印刷界送他外号"老温"。

其实严老板真是阎王吗？不是！而应该说他情理分明，除了理直的时候不退让之外，他是十分讲情的，比如有时明明可以付期票，当他知道印刷厂急用时，也会主动付现款。

温老板真是那么和善吗？也不是！他吃了亏之后，虽不当面骂人，背地里却总是诅咒对方："钱拿去让你买药吃！"

问题是，只要是严老板出的书，几乎很少出错，难得误期；而温老板的书则经常不够水准，而且总是拖延。原因很简单——就算为"老温"印坏了也没什么关系。

有一次，业界选派印刷厂参加国际印刷大展。严老板随意挑了几本他的书送审，很快便获得通过，而温老板的承印厂则落了选。那印刷厂的负责人逢人便骂："只怪我为那个无能的老温印刷，怎么可能出来好成品！"

可以说，原则是处世之本，这个原则不能因亲情的存在或个人的好恶而妥协或放弃。

人生的原则就像一座指引人前进的灯塔，是千锤百炼的真理。原则就是人类行为的准则，也是不容置疑的基本道理。为什么一个人在生活中会受到他人的尊重？大多是因为这个人有其做人的原则。没有自己的原则，往往会把自己都搭进去。

在一个寒冬的夜晚，有位阿拉伯人正坐在自己的帐篷中。外面是呼啸的寒风，里面则比较暖和。过了一会儿，门帘被轻轻地撩起来了，原来是他的那头骆驼，它在外面朝帐篷里看了看。

阿拉伯人很和蔼地问它："你有什么事吗？"

骆驼说："主人啊，外面太冷，我冻得受不了了。我想把头伸到帐篷里暖和暖和，可以吗？"

仁慈的阿拉伯人说："没问题。"

于是，骆驼就把它的头伸到帐篷里来了。过了不久，骆驼又恳求道："能让我把脖子也伸进来吗？"阿拉伯人想了想，觉得反正也占不了多少地方，便又答应了它的请求。就这样，骆驼把脖子也伸进了帐篷。它的身体在外面，头很不舒服地摇来摇去，很快它又说:"这样站着很不舒服,其实我把前腿放到帐篷里来也占不了多少地方,我也可以舒服一些。"

阿拉伯人说:"说得也对,那你就把前腿也放进来吧。"阿拉伯人挪动一下身子,为骆驼腾出一点空间来,因为帐篷实在是太小了。

又过了一会儿,骆驼又摇晃着身体说:"其实我这样站在帐篷门口,外面的寒风吹进来,你也和我一起受冻,我看倒不如我整个儿站到里面来,我们就都可以暖和了!"可帐篷实在是小得可怜,要容纳一人一骆驼是不可能的。但是,主人非常善良,他说:"虽然地方小了点,不过你可以整个站到里面来试试。"不料骆驼进来的时候说:"看样子这帐篷是容不下我们两个的,你身材比较小,最好站到外面去。那样,这个帐篷我就住得下了,而且空间还能被充分利用。"

骆驼说着,就开始挤主人,阿拉伯人打了一个趔趄就退到了帐篷外面,就这样被骆驼赶了出去。

相信很多人进入社会后,都有这么一种感觉,为人处世要有明确的原则。只有原则搞清楚了,才会更有方向感,才会更清楚自己到底应该做什么和怎样去做。做人毫无原则的人总是没有自己的主见,总怕得罪人,这是非常不明智的。而有原则的人,在他人眼里总是可靠成熟和富有魅力的,所以,这样的人活得最轻松，还往往会被赋予重任。

总之，做人不能没有原则，不讲原则的人就像没有根的浮萍，没有定性的墙头草，遇事无法坚定，待人无法始终如一。修炼好"原则思维"，是走向成熟人生的一道里程碑。

## 不要活在别人的价值观里

一千个人有一千个人的心理背景和价值观，你永远不可能让所有的人都接受你。你应该倾听自己内在的、良知的声音，寻找到属于自己的人生意义，然后勇往直前。

每个人都是独特的，勇敢做自己才是你应该做的。你是一个哲学家还是一个创业者，不是由别人来评定的，它只源于你的内在本质——你的本质是什么，你就应该成为什么样的人。而这一切，你只能靠自己的内心和直觉来发现。所以，你必须倾听自己的内在呼唤。

喜鹊搭了个窝。邻居们都跑来参观它的新家。

八哥说："很漂亮，不过柴草铺得太厚了点。"

喜鹊听后，忙用嘴衔掉些柴草下去。

鹦鹉说："很结实，如果能用石头加固一下那就会更好了。"

喜鹊也是言听计从。

乌鸦又说："很暖和，不过如果用今冬的流行色——黑色粉刷一下，效果一定不错。"

喜鹊也点头称是。

可是，冬天来了，喜鹊住在它的小窝里，脚底透风冷得瑟瑟发抖，寒风袭来，小石子松动脱落砸伤了它的脚。更可气的是，小孩子竟把它的窝当成了马蜂窝，用竹竿使劲地捅。

喜鹊只好飞离它的窝，到别的地方去搭建新窝了。

人们可以随大流，但不可以无主见。如果你习惯性地随大流，那就有可能形成思维定式，没有自己的主见，或者即便有，也不敢表达出来，而没有主见的人是不会成功的。

有个人一心一意想升官发财，可是从年轻熬到斑斑白发，却还只是个小公务员。这个人为此极不快乐，每次想起来就掉泪，有一天竟然号啕大哭起来。

一位新同事刚来办公室工作，觉得很奇怪，便问他到底为什么难过，他说："我怎么不难过？年轻的时候，我的上司爱好文学，我便学着作诗、写文章，想不到刚觉得有点小成绩了，却又换了一位爱好科学的上司，我赶紧又改学数学、研究物理，不料上司嫌我学历太浅，不够老成，还是不重用我。后来换了现在这位上司，我自认文武兼备，人也老成了，谁知上司又喜欢青年才俊,我……我眼看年龄渐高,就要退休了,一事无成,怎么不难过?"

人要是没了自己的主见,很可能会一事无成,最后连自己都不知该怎么办了。活着应该是为了充实自己,而不是为了迎合别人的旨意。没有自我的人,总是考虑别人的看法,这是在为别人而活,所以活得很累。

从前,有一个士兵当上了军官,心里甚是欢喜。每当行军时,他总是喜欢走在队伍的后面。

一次在行军过程中,他的敌人取笑他说:"你们看,他哪儿像一个军官,倒像一个放牧的。"

军官听后,便走在了队伍的中间,不料敌人又讥讽他说:"你们看,他哪儿像个军官,简直是一个十足的胆小鬼,躲到队伍中间去了。"

军官听后,又走到了队伍的最前面,敌人又挖苦他说:"你们瞧,他带兵还没打过一次胜仗,就高傲地走在队伍的最前面,真不害臊!"军官听后,心想:"如果什么事都听别人的话,自己连走路都不会了。"从那以后,他想怎么走就怎么走了。

如果你期望人人都对你感到满意,你必然会要求自己面面俱到。不论你怎么认真努力去尽量适应他人,能做得完美无缺,让人人都满意吗?显然不可能!这种不切合实际的期望,只会让你背上一个沉重的包袱,顾虑重重,活得太累。

如果你经历过一些事情，你会发现，别人的意见不应该成为你决定的最后依据。很多时候，别人的意见并不见得是对的，因为没有人比你更了解自己的情况。每一个人的意见，都是出于他自身的价值观。

一位画家想画出一幅人人见了都喜欢的画，画完后，他拿到市场去展出。画旁放了一支笔，并附上说明："每一位观赏者，如果认为此画有欠佳之笔，均可在画中涂上记号。"晚上，画家取回画，发现整个画面都涂满了记号——没有一笔一画不被指责。

画家十分不快，对这次尝试深感失望，他决定换一种方法去试试。画家又摹了一张同样的画拿到市场上展出。这次，他要求观赏者将其最为欣赏的妙笔标上记号。当画家再取回画时，画面又被涂遍了记号，所有曾被指责的笔画，如今却都换上了赞美的标记。

改变别人的看法总是艰难的，改变自己却是容易的。我们无法改变别人的看法，能改变的仅是我们自己。讨好每个人是愚蠢的行为，也是没有必要的。与其把精力花在一味地去献媚别人、无时无刻地去顺从别人，倒不如把主要精力放在自己踏踏实实、兢兢业业地做事上。

总之要记住，别人公正的看法，应当作为我们的参考，以利修身养性；别人不公正的看法，不要把它放在心上，以免影响今后生活的心情。

# 第七章

不争一时之长短,
不计眼前得失

## 要有长远的眼光和目标

很多年轻人,由于人生阅历和经验很少,对人生往往没有深入的思考,也没有长远的规划。他们常局限于眼前的事情和利益,缺乏长远的眼光,很容易急功近利,很难做成大事情。

我们都知道陈胜、吴广的故事。他们原是一介布衣,帮人佣耕,后来被点去当兵,他们不愿安于现状,于是奋起反抗。经过不懈努力,陈胜自立为王,吴广也成为将军,两人的名字也因为他们是第一次农民起义的领袖而得以流传千古。

那么,他们内在的动力是什么?就是他们的鸿鹄之志。

你的起点可以平凡,但志向不可以平凡。树立一种远大的志向并坚决付诸行动,是人之所以为人、人之所以为伟人的不二法则。

有句话说得好:"你能看多远,便能走多远。"无论是事业

## 第七章 不争一时之长短，不计眼前得失

还是一个人的成长，都需要规划经营。一个人的目光要放得长远一些，否则，只会以失败告终，永远都会是一个失败者。

有一个青年，他很有理想。有一天，他去拜访一位德高望重的智者。当时，智者正在自己的果园里采摘苹果，智者没有给他什么建议，而是让他帮自己将高挂在树梢上的一颗又大又红的苹果摘下来。这个青年的个子并不算低，尽管他很努力，但还是无法摘到那颗硕大的苹果，不免感到有些失望。

智者看到这一切，对青年说："年轻人，你为什么不跳起来试一试呢？"青年听了智者的话，跳了一次，没有摘到。跳了第二次，依然没有摘到。第三次，他稍微休息了一下，并调整了一下情绪，然后奋力一跳，那颗硕大的苹果就握在他的手中了。在摘到苹果的一刹那，青年的心中也同时一亮，他终于明白，智者这是在告诉他：一个人要想成功，就要学会跳起来采摘那些看起来高不可取的"苹果"。只有这样，才有可能品尝到成功的滋味。

这个故事告诉我们，一个渴望成功的人，应当永远努力去采摘那些需要奋力跳起来才能够得着的"苹果"——目标。

跳起来摘苹果，是为自己设置更高的目标，是在不断超越，永不满足，永不懈怠，永不疲倦，永不怯懦，始终保持坚定的意志和良好的状态，执着地向更高的目标攀登。

跳起来摘苹果，为自己设置更高的目标，并不意味着盲目的不切实际的好高骛远，沉湎于空想空谈。恰恰相反，跳起来摘苹

果,需要脚踏实地、持之以恒。

一个人不管眼前是什么状况,都要有长远的目标并为之努力。如果你的生活环境优越,不要满足于现在的小安乐中;如果你现在的生活环境不尽如人意,也不要被眼前的困难打倒。眼光要长远,不能被暂时的困难击垮,要沿着自己选择的路勇敢地走下去。学会将眼光放长远,才能获得精彩的人生。

## 跌倒了，再爬起来

对于一个永不言败的人来说，失败永远不会光顾他们；对于那些真正意识到自己力量的人来说，失败也不会靠近他。一个人如果意志坚定，跌倒了再爬起来，即使其他人都会后退，而他则永不退缩、永不屈服，也永远不会有失败。

生活中，我们往往看见有些人因为过去犯了点小小的错误，或者由于在生活中碰到了挫折，就丧失了面对这个世界的勇气。

殊不知，失败正是一种考验。倘若一个人面对失败，没有失去勇气、意志、自尊和自信，那么他最终还会是一个胜利者。失败只会唤醒人的雄心，让人更加强大。

1992年，某亿万富翁经商下海。他首先建厂生产自行车车笛，可因为没有打开市场而失败，欠下外债80万元。后来他又与韩国客商签约，生产苏子叶成菜。结果种出的苏子早熟，纤维嚼不烂，又失败了。这次他要赔偿农民的损失，数额更大。

两次惨重的失败，使这位昔日的富豪血本无归。如果换作别人恐怕早就放弃了，但他没有绝望，他还要从头再来，他相信爬起来永远比跌倒多一次。

于是他又去借钱，还要继续干。他说："两次教训，给我上了两堂生动的经商课。这是我有生以来上得最深刻的课。它深植我的脑海，触及我的灵魂。它使我的思想开了窍。再干，我就知道怎么干了。"接着，他紧紧围绕人的日常生活，深入市场调查，寻找机会。看到床上用品有销路，他决定生产床上用品。

功夫不负有心人。终于这第三次投资，他成功了。随后，经过努力，他拥有了5家企业，在1999年已拥有资产1.3亿元。最后他总结说："失败是成功之母，失败中含有成功的种子，这是真理。经历过失败的教训，才能走向成功。"

的确如此，失败有两重性，既可以使人从此一蹶不振，也可以使人获得新生。究竟选择哪一种，不是由命运所决定的，全在于我们怎样看待。如果失败时我们把心力用在努力寻找成功的种子上，那么未来就是光明的。否则，我们就无法获得成功。

在一个真正的强者眼里，挫折和失败本就是人生的常态，他们的人生与其说是为了追求成功，不如说是为了战胜挫折和失败。人生在世，因为自身的原因或是各种因缘的际会，难免摔跟头跌跤。但是跌倒了，就要勇敢地爬起来，不然就永远享受不到成功的喜悦。

　　成功与失败只有一线之隔，只要我们真正明白成功者不过是爬起来比倒下去多一次，不管跌倒多少次，只要再爬起来，终将迈向成功之线。

## 学会在夹缝中求生存

在哪里落户,就在哪里生根;在哪里生根,就在哪里发芽;在哪里发芽,就在哪里生长;在哪里生长,就在哪里茁壮。这就是生长在水泥与墙壁的夹缝中的小草带给人们的思考,它为人们生动演绎了在夹缝中求生存的光辉一幕,显示了极其顽强的生命力。

有人曾做过这样的比喻,说现实就是一个大夹缝,人们都是在夹缝中求生存的,没有一个人能完全在生活里游刃有余。但是,在夹缝中也会看到一片天,支撑着自己向更广阔的地方飞翔。

在现今的社会,一个显著特点就是竞争激烈。在渐趋白热化的竞争中,有一种说法叫"要生存占两头":或者做大做强拼实力,或者依靠船小好掉头,那些夹在中间不大不小的企业往往不

## 第七章 不争一时之长短，不计眼前得失

被看好。而很多不大不小的企业，却独辟蹊径，通过走"中间道路"，闯出了一片新的天地。

一个企业，要想在激烈的市场竞争中赢得一席之地，首先要正确分析自己在同行业中所处的位置，明了自己有哪些优势，做到知彼知己、大局在胸。然后，如田忌赛马那样，用自己之所长，攻他人之所短，避开大路走两厢，不要跟比自己强大的企业直打硬拼。

企业如此，我们每个人也是一样。合理地定位自己的职业生涯，将是获得成功的关键。

一位自幼患脊椎炎而导致残疾的女性朋友就用自己的亲身经历印证了这句话。虽然身为一个残疾人，但她的一生却比许多正常人还要丰富多彩。她说，性格决定命运，智慧决定命运。正常的路都被堵死了，那就要像小草一样在夹缝中求生存。

她在四岁那年患上了脊椎炎，在石膏床上一躺就是四年。从石膏床上下来，就开始拄着双拐走路。那时，她还不知道这意味着什么，因为在幸福的学生时代，老师和同学们从来没把她当残疾人看待，从来没有给过她歧视。从上小学开始，她各方面都很努力，不仅学习成绩优秀，还担任少先队大队委员。上初中第一天报到的时候，她就被老师扶上讲台，代表所有的新生讲话，看着台下那一大片注视的目光，她感到无比自豪。她从小就善于思考，每次班里有别的老师来听课，老师总是会叫她起来回答问

题,让同学们羡慕不已。

但就是这样一个品学兼优的孩子,在面对人生第一道坎——考大学的时候,却被命运残忍地抛弃了。虽然成绩超过录取线很多,但却因身体残疾被告之无法入学。第一次,她刻骨铭心地感受到自己不是一个"正常人"。

此后,找工作也因她的残疾而屡屡受挫。每次她不是被婉言拒绝,就是被冷落在一边。她不断给当地有关部门写信,表达自己渴望为社会出一点力的愿望,终于在24岁那年获得了第一份工作——做街道上的出纳员。

她早出晚归,勤勤恳恳地工作,而得到的报酬却比别人少得多,那种被歧视的感觉再次涌上她的心头。后来,终于在有关部门的安排下,她当上了誊印厂的刻版工,只用双手和大脑,每天描图、刻钢板。在别人眼里十分枯燥的工作却使她如获至宝,也使她和汉字书法开始结下了不解之缘。

当心理学在社会上还是个冷门学科时,聪明的她已经敏锐地意识到,随着独生子女家庭的增多,孩子的心理教育问题将成为备受关注的社会问题。而且,她还独辟蹊径,将心理学和自己熟悉的汉字书法联系在一起,创造出一套心理学书法的理论。

教人练习书法,是再普通不过的事情;给人做心理咨询,也不是什么新鲜事。而一位拄着双拐的残疾人,却将心理学和传统的汉字书写融为一体,办起了"书写与心理培训学校",实现了自己的人生价值,就不能不说是一个传奇了。

　　足不出户,活得比常人更精彩。她说:"俗话说,虱子多了不咬人,所以,困难多了也不压人。遇到困难,唯一的选择就是面对。"

　　这就是一种独辟蹊径,在夹缝中也要好好求生存的典型。我们每个人也应该这样,珍惜自己的拥有,学会克服不利环境的限制,在困境中走出属于自己的一片蓝天。

## 不被小利益所诱惑

现实生活中,每个人都会面对种种诱惑。学生做作业时,会受到游戏的诱惑;小孩子即使生了蛀牙,也会受到糖果的诱惑;减肥者会受到食物的诱惑……如果不是有规范与约束的话,也许我们已经无数次成为各种诱惑的俘虏了。

在你到达目的地之前,沿途往往有着太多的诱惑。它们总是展示迷人的一面,引诱我们渐渐远离自己的理想与目标,引诱我们的各种"欲"。

那么,诱惑从何而来,又因何而起呢?一个学生喜欢打游戏,是因为他觉得学习是单调乏味的,而游戏是刺激有趣的;一个赌徒赌博,是因为他觉得如果能一注赌赢很多钱是快乐的,而靠劳动去赚钱是辛苦的;在一个网络游戏迷的眼中,游戏虽然单调，但里面的升级比生活中的升级要容易得多，是快乐的，而与命运搏斗是艰苦的；一个人做事习惯慢慢吞吞，是因为他喜欢这样的轻松，而紧张的方式虽然能提高效率，可他会觉得并不划算……

可见，诱惑之所以能引诱我们去得到它们，是因为它们都能较方便、直接地给我们带来所谓的快乐的享受，所以我们迫不及待地想得到它。相比之下，学习、工作都是苦的。一方是唾手可得的快乐，另一方是显而易见的痛苦，这时人们非常愿意选择快乐，这是人类趋乐避苦的本能。正是这种本能，才使得我们在抵制诱惑的时候往往无功而返。

面对诱惑，我们不妨听听孔子的意见：一天，孔子在和学生们讲道理时，忍不住感叹道："我还没有见过真正刚强不屈的人啊！"

听完老师的感慨，他的弟子都觉得很奇怪。在他们眼里，像子路、还有年轻的申枨等，都是很刚强的人。尤其是申枨，他虽然年纪不大，可是每次在和别人辩论时，总是不肯轻易让步。即使在面对长辈或师兄时，申枨也毫不退缩，总是摆出一副强硬的姿态。大家都对他退让三分。所以，当学生们听孔子感叹说还没有见过刚强的人时，他们不约而同地说："说到刚强，申枨他们应该是可以符合老师的标准的吧！"

孔子摇摇头，说："申枨这个人欲望多，称不上是刚强。"一个学生问："申枨并不像是个贪爱钱财的人，老师怎么会说他欲望多呢?"孔子回答说:"其实所谓的欲望,并不见得就是指贪爱钱财。简单地说,凡是没有明辨是非就一味和别人争、想胜过别人的私心就算是'欲'。申枨虽然性格正直,但他却逞强争胜,往往流于感情用事,这就是一种'欲'啊!像他这样的人,怎么可以称得上是刚强不屈呢?"接着,孔子又说:"所谓的'刚',并不是指逞强好胜,而是一种克制自己的功夫。能够克制住自己的欲望,在任何环境中,都不违背天理,而且始终如一,不轻易改变,这才算是真正的'刚'啊!"弟子们听罢,纷纷陷入了沉思。

我们知道,那些取得辉煌成就的人,都是吃了很多苦才成功的。他们为什么自找苦吃呢?是他们以苦为乐吗?其实不然,没有人早起晚歇地工作而不觉得累的,没有人不觉得娱乐是有趣的,没有人觉得累得腰酸背痛是舒服的,没有人觉得周末睡个懒觉是难受的……大家对客观事物的情感体验是大致相同的,"以苦为乐"不过是他们帮助自己提高自制力的一种心理暗示方法而已。那么,他们为什么要自找苦吃呢?其实,这是将目标放在了经过一定的苦而获得的更大的、更长远的快乐上。很多人把目光只放在眼前,为了一时之欢,成为诱惑的俘虏,却要在之后的日子承受长久的痛苦,老时再感慨一句"少壮不努力,老大徒伤悲"。

而成功的人,他们坚信"吃苦在先,享乐在后"的信条。他们想到了与将来事业有成的快乐相比,现在打游戏的快乐微不足道;与将来生活闲适的快乐相比,现在睡懒觉的快乐微不足道;与将来过清贫生活的苦相比,现在的学习之苦微不足道……他们也懂得践行趋乐避苦的道理,不过趋的是大乐,避的是大苦。

美国副总统威尔逊就是这方面的一个经典例子。威尔逊10岁时离开家,当了11年的学徒工,每年可以接受1个月的学校教育。在11年的艰辛工作之后,他只得到了1头牛和6只绵羊作为报酬。威尔逊把他们换成了84美元。据他回忆,从出生一直到21岁那年为止,他没有在娱乐上花过1个美元,每个美分都是精打细算的。然而在他21岁之前,他已经设法读了1000本好书——恐怕这对于常人来说是难以做到的。21年没有在娱乐上花过1块钱,这当是不为诱惑所动的典范了。

要想收获自己想要的果实,就必须"克己"。克制自己的私欲,能够不为小利而动心。

## 在哪里跌倒,就在哪里爬起来

失败并不完全是一件坏事。如果你能够从失败中吸取教训,那么,这样的失败就是有价值的。这次的失败,等于为下次成功找到了一条应该绕过的路,只要你用心总结,就能绕过障碍,走向成功的目的地。

有人说:没有失败的人生是庸俗的人生。的确如此,一个人如果没有经过失败,那么他的人生就是不完整的。经过失败的人,如果能够从中吸取教训,就能避免以后再犯同样的错误,这样会让自己以后少走弯路。

三只骆驼在沙漠里吃力地行走,它们和主人带领的骆驼群走散了。前面黄沙漫漫,它们只能凭借一只有经验的老骆驼带着走。

过了一会儿,从它们的旁边走来了一只筋疲力尽的骆驼,显然，它也是几天前走散的另一只骆驼。另外那两只骆驼瞧不起这只骆驼，不肯带它一起走。

老骆驼开口了："别这样，它会对我们有帮助的。"说着，老骆驼热情地招呼那只落魄的骆驼，对它说："虽然你也迷路了，境遇比我们好不到哪去，但是我相信你知道自己走过的哪个方向是错误的，这就足够了。我们一起上路吧，有你的帮助，我们一定会顺利地走出去的。"

结果，在那只骆驼的引领下，这四只迷路的骆驼真的和骆驼群会合了。

这个故事告诉我们，如果你经过了一条错误的路径，只要你记住了，那么下次再走错的几率就下降了几分。所以，走错了路并不可怕，最重要的是要从错误中吸取教训。

跌倒了并不可怕，可怕的是再也不肯从这条路上走，更可怕的是再也不肯迈出脚步。一个人如果失败了一次，遭受到了别人的冷嘲热讽，就自卑了，放弃了，那还有机会成功吗？如果你因为别人的一点讽刺就自卑起来，那你成功的几率就等于零。相反，如果你能在别人的嘲笑声中坚强，在嘲笑声中振作，在嘲笑声中重新再来一次，在别人的嘲笑声中自信，在别人的嘲笑声中努力，那怎么会不成功呢？

20世纪60年代中期，美国通用电气公司一位年轻的工程师独立负责一项新塑料的研究项目。正当这位工程师踌躇满志地准备大干一场时,不幸的事情发生了:实验的研究设备突然爆炸,3000多万美元的实验设备连同厂房瞬间化为灰烬。面对爆炸后一片狼藉的现场,年轻的工程师精神濒临崩溃。他想,自己在通用的梦想和历史就此结束了,巨额的债务费用就不说了,以后没有人会信任自己,自己已经完了。他非常沮丧,忐忑不安地接受了通用总部派来调查事故的高级官员的谈话。没想到的是,这位高级官员问的第一句话是:我们从中得到了什么没有?年轻工程师先是一惊,然后回答:"我们这个试验走不通。"调查官员说:"这就好,我们得到了需要的东西。实验室废掉了没有什么可怕的,可怕的是我们什么也没有得到。"

一场惊天动地的"重大事故"就这样解决了。这位年轻工程师很受启发,于是,他不再沮丧,不再去想爆炸的实验室,不再去想以前的失败,他开始研究新的方法,开辟新的领域,后来取得了很大的成就。他就是日后带领通用电气公司实现了20年高速增长、被誉为世界第一CEO的杰克·韦尔奇。

或许看完故事,你的第一感觉是:这个企业真宽容。没错,但对你来说,更重要的是这个年轻人的表现。我们设想一下,假如这个年轻人留在了这个企业,每天战战兢兢地担心别人对这次事故的看法,担心自己以后是不是要小心谨慎不犯错误,你认为他还有可能做出惊人的成就并且成为CEO吗?

让韦尔奇获得成功的原因，显而易见就是他能够迅速从痛苦中走出来，他没有心理上的负担，可以全身心地去做新的事情。

在生活中我们可以看到，能快速从各种失意中恢复过来的人都是生活的强者。他们快速适应各种环境，能化各种条件为力量来增强自身实力。他们不怕失败，不怕各种艰难的环境，无论怎样，他们都能很好地活着，更加向上地奋斗。

众所周知，比尔·盖茨喜欢雇用曾经犯错误的人，"那表示他们敢于冒险。"他说，"从那些人怎样应付出了错的事情上可以看出他们会怎么应变。"

美国宾州大学心理学教授马丁·塞力曼研究过30种行业雇员的表现，"能够重新振作起来的都是乐观的人。他们认为，我这个问题只不过是暂时的。"马丁说，"悲观的人通常不能东山再起。"从中也可看出，失败对于我们每个人而言，储存的是经验，打造的是意志，是成功的基石。

智者的可贵之处在于，他们善于从失败中总结自己失败的原因，并且告诫自己绝不会再犯同样的错误。而有的人一旦失败了，就开始埋怨自己运气不好，埋怨很多，就是忘了总结自己应该注意什么，为什么会失败。

值得注意的是，虽然说失败从某种意义上讲是有益的，并且一个人多次遭受失败也不足为怪，但两次掉进同一个陷阱里则是愚蠢的。我们不能因为同样的错误而失败两次、三次……失败一次，就要让自己进步一分，就要让自己的目标升华一次，这样才不枉失败一场。所谓"失败是成功之母"，就是说，失败一次，就受到一次教训，获得一次收益。从失败中学习，在失败中站立，生活是踏着失败前进的。

## 名利是过眼烟云，得不喜失不忧

只要你选择做事情，就难免会有得失。太计较得失，只会让自己陷入一堆琐事之中，让你的生命消磨在一些无益的情绪之中。清心平静、气定神闲不仅是一种修养和风度，更是做大事者应有的智慧。

广阔的太平洋浩瀚无边。传说有许多大鸟试图逾越，最终仍飞不过大洋。而有一种鸟却能轻松飞越。它体型不大，也不强壮，仅凭着一根树枝，累了，就在上面休息；饿了，就在上面捕鱼……直到飞越海洋。

有些时候，条件优越，反而无法做到。也许，身轻才能高飞。

金钱和名声本是好东西，但如果把它们当成包袱背起来，就会成为前进的障碍。很多人为名利所累，就是例证。

有一位农夫和一位商人在街上寻找财物。他们发现了一大堆未被烧焦的羊毛,两个人就各分了一半捆在自己的背上。

归途中,他们又发现了一些布匹。农夫便将身上沉重的羊毛扔掉,选了些自己扛得动的较好的布匹。而商人将农夫所丢下的羊毛和剩余的布匹统统捡起来,重负让他气喘吁吁、行动缓慢。

走了不远,他们又发现了一些银质的餐具。于是,农夫将布匹扔掉,捡了些较好的银器背上,商人却因沉重的羊毛和布匹压得他无法弯腰而作罢。

不久,突降大雨,饥寒交迫的商人身上的羊毛和布匹被雨水淋湿了,他踉跄着摔倒在泥泞当中,而农夫却一身轻松地回家了。他变卖了银餐具,生活富足起来。

在人生之路上,有什么样的得失或许不是你能决定的,但拥有什么样的处事方式却是你可以选择的。该得到的时候坦然得到,该丢弃的时候就淡然丢弃。失去了就不要惋惜,即使你最后什么东西也没得到,你也知道自己在追求的过程中得到了生命的丰富。

当你认为名利是过眼云烟的时候,你就永远不会失落,永远不会失望。如果你太计较得失,只会让自己陷入无穷无尽的烦恼之中。

一对靠拾废品为生的夫妻,每天一早出门,等到太阳下山时才回家。回到家后,就在门口的院子里拨弦唱歌,唱到月正当空,浑身凉爽的时候他们才进房睡觉,日子过得逍遥自在。

他们对面住了一位很有钱的员外。他每天都坐在桌前打算盘,算算哪家的租金还没收,哪家还欠账,每天总是很烦躁。他看对面的夫妻每天快快乐乐地出门,晚上轻轻松松地唱歌,非常羡慕也非常奇怪,于是问他的伙计说:"为什么我这么有钱却不快乐,而对面那对穷夫妻却会如此快乐呢?"

伙计听了就问员外说:"员外,您想要他们忧愁吗?"

员外回答道:"我看他们是不会忧愁的。"

伙计说:"只要您给我一贯钱,我把钱送到他家,保证他们明天不会拨弦唱歌。"

员外说:"给他钱他一定会更快乐,怎么说不会再唱歌了呢?"

伙计说:"我们尽管给他钱就是了。"

于是,员外果真把钱交给伙计。当伙计把钱送到夫妻家时,二人拿到钱后果真变得很烦恼,那天晚上竟然睡不着觉了。想要把钱放在家中,门又没法关严;想要藏在墙壁里面,墙用手一扒就会开;想要把它放在枕头下,又怕丢掉……该怎么办呢?他们一整晚都为这贯钱操心,一会儿躺上床,一会儿又爬起来,整夜就这样反复折腾,无法入眠。

隔天一早,他们把钱带出门,在整条街上绕来绕去不知要做什么好,绕到太阳下山,月亮上来了,又把钱带回家,垂头丧气地不知如何是好。

那天晚上，员外站在对面，果然听不到拨弦声和歌声了，因此就到他们家去问怎么了。这对夫妻说："员外啊！我看我把钱还给你好了。我宁可每天一大早出去捡破烂，也比有了这些钱轻松啊！"

名利都是浮云，背在身上却会很重。每个人的负重能力都是有限的，只不过有的人知道怎样才能使同样的水桶装更多的水。俗话说，轻装才能远行。那么，为什么不把那些不需要的或者非必需的东西丢掉呢？时刻保持以最好的姿态出现，时刻保持着最佳状态，时刻准备着投入一场新的竞争，这才是达观的态度。

## 第八章

可以一无所有,
但不能失去自信

## 不在错误中懊悔,而要在错误中成长

犯错是不可避免的,我们不要害怕犯错误,只要能从错误中吸取教训,在错误中成长,就会获得进步。

人的成长是一个不断尝试、历经磨炼,最终变得聪明起来的过程。只有经历了失败的痛苦,才能真正体会到成功的欢乐;只有经历了失败的考验,才能变得更成熟。

美国康奈尔大学的威克教授曾做过这样一个实验:把几只蜜蜂放进一个平放的瓶子中,瓶底向着有光的一方,瓶口敞开。只见蜜蜂们向着光亮处不断飞动,不断撞在瓶壁上。最后,当它们明白自己永远都飞不出这个瓶底时,就不愿再浪费力气。它们停在光亮的一面,奄奄一息。

威克教授倒出蜜蜂,把瓶子按原样放好,再放入几只苍蝇。

不到几分钟,所有的苍蝇都飞出去了。原因很简单,苍蝇们并不朝着一个固定的方向飞行,它们会多方尝试,向上、向下、向光、背光,一方不通立刻改变方向,虽然免不了多次碰壁,但最终会从瓶口飞出。

威克教授因此总结出一个观点:横冲直撞总比坐以待毙要高明得多。成功并没有什么秘诀,就是在行动中尝试、改变、再尝试、再改变……直到成功。有的人成功了,关键在于他能从不断的犯错过程中得到成长。

事实上,勇于承担错误是成功的前提之一,即使所犯的错误微不足道,但逃避的心态也会让你因整天担心而心力交瘁,而且永远不可能从错误中获取经验,获得成长。

其实,聪明人都懂得在恰当的时机勇于承认错误,愿意承担责任,只有这样,才能真正地认识到错误并在错误中成长。

英国名叫吉米的"电视厨师"的经历就很好地印证了这一点。1998年他在BBC刚露面的时候,还是个可爱帅气的大男孩。由于他把烧菜变成了一种生活艺术,而且在烧菜的时候又表现得很"酷",以至于有媒体说"整个英国都为他疯狂了"。他不仅成了能让年轻人放弃垃圾食品的楷模,而且他出的书还成了人们过生日和圣诞节时的最好礼物。

然而,就如他当年一夜成名一样,他的名声也在一夜之间变坏——他竟然成了2001年度全英最让人嫌弃的名人。

原本热爱他的媒体,全都"仇恨"起他来。虽然他的菜谱还受人欢迎,但当报纸再提到他时,已是嘘声一片。

这一切的主要原因,是因为他成了一家超市集团的广告明星——他把自己的名声当成了赚钱机器,居然把妻子和朋友们都拉到电视广告中,以致让媒体和公众十分反感。

然而,吉米并没有因此而一蹶不振,他对自己的突然失宠虽然颇感冤枉,但却没有在人们的批评指责声中灰心丧气,破罐子破摔。相反,在冷静下来之后,他就开始寻找令自己重新受到人们欢迎的"法宝"。这个"法宝"在不久后被他找到了,这就是做人必须要有社会责任感,必须无私地让自己的智慧与能力发挥更大的作用。于是他自掏腰包,创办了一所餐馆烹饪学校。他专门从领救济金的人中挑选了15名年轻人来培养,希望把他们培养成一流的厨师。他决心每届15人——就这样一届接一届地培训下去。

吉米勇于承认错误,并从错误中吸取教训,敢于改正错误的态度再次让他获得了公众的喜爱。于是,从批评者到一般公众,大家都为吉米的成功而欣喜,又重新把最热情的赞美和最热烈的掌声献给了他。

在现实生活中,每个人都难免要犯错,那么,就请分析造成错误的原因,从错误中成长,而不是在懊悔中虚度光阴。

## 不要因为过去的灰色而否定未来的光明

在这个世界上,没有任何人能够改变你,只有你能改变自己;也没有任何人能够打败你,除了你自己。要让自己拯救自己,就要把自己定位为一个面对坎坷永不屈服的人,就要想尽办法克服一切险阻赢得成功。

塞万提斯说:"丧失财产的人损失很大,可是丧失勇气的人便什么都完了。"

生活中有晴天也有雨天,有欢乐也有痛苦。挫折是不能避免的,因此,平时要有良好的心态,有一种随时应付挫折的心理准备,要认为任何挫折的发生都是有可能的。这样,在挫折降临到自己头上时,就不会茫然无措,无所适从。同时,挫折能够提高我们的自我认识水平,让我们发现自己的优缺点,培养坚强意志,增长知识和才干,积累丰富的生活经验。正如俄国物理学家列别捷夫所说:平静的湖水练不出精悍的水手,安逸的环境造不出时代的伟人。

人生不可能是一帆风顺的,也不可能总是处在困厄之中,人的心态也不可能一直都是积极的,有时也可能是消极的。但是,当你认为自己有能力的时候,你就会觉得,只要经过努力就能取得成功,同时会付诸行动以迎接成功的到来。一件事,如果你连尝试都不敢,哪来的成功?

有个年轻人去微软公司应聘,而该公司并没有刊登过招聘广告。见总经理疑惑不解,年轻人便用不太娴熟的英语解释说自己是碰巧路过这里,就贸然进来了。总经理感觉很新鲜,就破例让他一试。面试的结果是,年轻人表现很糟糕。他对总经理的解释是事先没有准备,总经理以为他不过是找个托词下台阶,就随口应道:"等你准备好了再来试吧。"

一周后,年轻人再次走进微软公司的大门,这次他依然没有成功。但比起第一次,他的表现要好得多。而总经理给他的回答仍然同上次一样:"等你准备好了再来试。"就这样,这个青年先后五次踏进微软公司的大门,最终被公司录用,并成为公司的重点培养对象。

对每个人来说,都不要以感伤的眼光去看过去,因为过去再也不会回来。最聪明的办法就是好好对待你的现在——现在正握在你的手里，你要以堂堂正正的大丈夫气概去迎接如梦如幻的未来。

曾有人做过实验，将一只最凶猛的鲨鱼和一群热带鱼放在同一个池子，然后用强化玻璃隔开。最初，鲨鱼每天不断冲撞那块玻璃，奈何只是徒劳，它始终不能过到对面去。而实验人员每天都放一些鲫鱼在池子里，所以鲨鱼也没缺少猎物，只是它仍想到对面去，每天仍是不断地冲撞玻璃。它试了每个角落，每次都是用尽全力，但每次也总是弄得伤痕累累，有好几次都破裂出血。持续了好些日子，每当玻璃一出现裂痕，实验人员就马上加上一块更厚的玻璃。

后来，鲨鱼不再冲撞玻璃了，对那些斑斓的热带鱼也不再在意，好像它们只是墙上会动的壁画，它开始等着每天固定会出现的鲫鱼，然后用自己的本能进行狩猎。实验到了最后阶段，实验人员将玻璃取走，但鲨鱼却没有反应，每天仍是在固定的区域游着。它不但对那些热带鱼视若无睹，甚至当那些鲫鱼逃到那边去时，它就立刻放弃追逐，说什么也不愿再过去。实验结束了，实验人员说它是海里最懦弱的鱼。

这个实验启示我们，不走出失败的阴影，就会被失败销蚀前进的斗志，最终与成功无缘。有的人在为成功打拼的路上，或许并不缺乏拼搏的热情，却缺乏不畏挫折坚持到底的恒心；有的人被失败打倒后，丧失了进取心，在失败与挫折面前低下了头，弯下了腰，最终只能与失败为伍。

有位名人说过："失败绝不会是致命的,除非你认输。"如果在失败面前一蹶不振,成为让失败一次性打垮的懦夫,则无疑是无勇无智之辈;假如遭受失败的打击后不知反省,不善于总结经验,只凭一腔热血猛冲猛撞,要么头破血流,要么事倍功半,即便成功,也如昙花一现,此为有勇无智之人;倘若遭受失败的打击后,能够审时度势调整自我,在时机与实力兼备的情况下再度出击,勇往直前,直达胜利,这才是智勇双全的成功之士。

挫折是必然的,但并不是不可战胜的。我们应该无所畏惧,迎头赶上,直面挫折,把生活中的每一个苦难和挫折都看成是上天考验我们的一次机会。不要惊慌,也不必难过,只要心中具有不怕输的勇气,对自己说:"我能行!"那么,你就一定能够站起来,笑到最后,笑得最美。

## 保护你的信念,不要让它被挫折所淡化

人生布满了荆棘,我们所要想的唯一办法是从那些荆棘上迅速跨过。困难与折磨对于人来说,是一把打向坯料的锤,打掉的应是脆弱的铁屑,锻成的将是锋利的钢刀。

挫折足以燃起一个人的热情,唤醒一个人的潜力,而使他最终获得成功。真正有本领、有信念的人,能将"失望"变为"动力",像蚌那样,将烦恼的沙砾化成珍珠。

因此,要保护你的信念,不要让它被挫折所淡化。

琼尼降生时,他的双脚向上弯着,脚底靠在肚子上。他的妈妈觉得这看起来很别扭,但并不知道这将意味着小琼尼先天双足畸形。医生向他们保证说经过治疗,小琼尼可以像常人一样走路,但像常人一样跑步的可能性则微乎其微。

琼尼3岁之前一直在接受治疗，和支架、石膏模子打交道。经过按摩、推拿和锻炼，他的腿果然渐渐康复。七八岁的时候，他走路的样子已让人看不出他的腿曾有问题。

要是走得远一些，比如去游乐园或去参观植物园，小琼尼会抱怨双腿疲累酸疼。这时他的父母会停下来休息一会儿，给他买点苏打水或蛋卷冰激凌，聊聊看到的和要去看的。但是他们并没告诉说他的腿为什么细弱酸痛，也不告诉他这是因为先天畸形。

邻居的小孩子们做游戏的时候总是跑过来跑过去，小琼尼看到他们玩儿就会马上加入，跟他们一起跑啊闹的。父母从不告诉他不能像别的孩子那样跑，从不说他和别的孩子不一样。

七年级的时候，琼尼决定参加跑步横穿全美的比赛。每天他都和大伙儿一块训练。也许是意识到自己先天不如别人，所以他训练得比任何人都刻苦。虽然他跑得很努力，可总是落在队伍后面，但琼尼的父母并没有告诉他为什么，也没有对他说不要期望获得成功。训练队的前七名选手可以参加最后的比赛，为学校拿分。他们没有告诉琼尼也许他会失败，所以琼尼一直在努力坚持。

他坚持每天跑4~5英里。有一次，他发着高烧，但仍坚持训练，相信自己能够进入前七名。

两个星期后，在决赛的前三天，长跑队的名次被确定下来。琼尼是第六名，他成功了。他才是个七年级的学生，而其余的选手都是八年级。没有人告诉他不要去期望入选,也没有人对他说他不会成功。他在不知道自己身体真实状况的情况下,获得了自己想要的成功。

所以说,在这个世界上没有什么事情做不到。只要你能想到并下定决心去做,你就一定能得到。

## 一息若存,希望不灭

在追求成功的道路上,总有困难会时时地缠绕,也总有绊脚石在阻碍,让人无法前进。此时,我们不能向命运低头,不能放弃梦想与追求,而要知难而上,勇敢地去面对这一切。也许,成功就在眼前,触手可及。

爱迪生67岁那年,苦心经营的工厂发生火灾,损失惨重,多年的研究也全部付之一炬。更令人痛心的是,由于那些厂房是钢筋水泥所造,当时人们认为那是可以防火的,所以,他的工厂保险投资很少,只有10%的理赔额。

当他的儿子查尔斯·爱迪生听说这场灾难之后,紧张地跑去找他的父亲,他发现老爱迪生就站在火场附近,满面通红,满头白发在寒风中飘扬。查尔斯后来向人描述说:"我的心情很悲痛,他已经不再年轻,所有的心血却毁于一旦。可是他一看到我却大叫:'查尔斯,你妈妈在哪里?'我说:'我不知道。'他又大叫:'快去找她,立刻找她来,她这一生不可能再看到这种场面了。'"

第二天一早,老爱迪生走过火场,看着所有的希望和梦想毁于一旦,原本应该痛心绝望的他却说:"这场火灾绝对有价值。我们所有的过错,都随着火灾而消失了。感谢上帝,我们可以从头做起。"

你可以失败一百次,但你必须一百零一次燃起希望的火焰。无论是谁,都会因为失败而付出代价,然而,失败是人生的训练场,只要你以明智的眼光去审视失败,那么同样可以从中收获成功的种子。

著名的科学家爱尔弗德·诺贝尔曾经历过无数次的失败。在1864年9月的一次实验中,不慎发生了硝化甘油爆炸,他的实验室顿时灰飞烟灭,五位助手当场死亡,其中包括他的弟弟奥斯加。但是,这并没有动摇诺贝尔的决心和信念。在经过上百次的失败后,他发明了雷管。

以《人间喜剧》名扬天下的法国作家巴尔扎克,曾在自己的手杖上刻下这样一句话:"我粉碎了每一个障碍。"正是依靠这根"精神手杖",他从坎坷中开辟了一条不平凡的人生之路。

在成功的路上会有很多挫折,我们可能会因此让自己变得沮丧和自卑。此时，我们的心中如果存有希望，就能走出阴影。

有个人，在他的一生中遭受过两次惨痛的意外事故。

第一次不幸发生在他46岁时。一次飞机意外事故，使他身上65%以上的皮肤都被烧坏了。在16次手术中，他的脸因植皮而变成了一块彩色板。他的手指没有了，双腿特别细小，而且无法行动，只能瘫在轮椅上。

谁能想到，六个月后，他亲自驾驶着飞机飞上了蓝天。

四年后，命运再一次把不幸降临到他的身上，他所驾驶的飞机在起飞时突然摔回跑道，他的12块脊椎骨全部被压得粉碎，腰部以下永远瘫痪了。

但他没有把这些灾难当成自己消沉的理由，他说："我瘫痪之前可以做1万种事，现在我只能做9000种，我还可以把注意力和目光放在能做的9000种事上。我的人生遭受过两次重大的挫折，所以，我只能选择不把挫折当成自己放弃努力的借口。"

这位生活的强者，就是米契尔。他凭着永不放弃的精神，最终成为一位富翁、公众演说家、企业家，还在政坛上获得了一席之地。

这样的人，才是生活的强者。

那些出类拔萃的人，无论身处何种境地，都不会轻言放弃。人可以忍受不幸，也可以战胜不幸，因为每个人的身体里都有着惊人的潜能，只要把它发挥出来，就会觉得生活中没有克服不了的障碍，没有过不去的难关。

真正的登山者，并不会因山脚的一丛荆棘、一片瓦砾而沮丧，因为他们向往的是山顶。对每个人来说，人生还有无限可能，千万不能让一时的失败将自己击溃。只要还有希望，一切就皆有可能。

## 用信念的火种点亮人生

信念是人生最宝贵的财富。当你一无所有的时候,信念会支撑你找到人生的方向,信念会给你奋斗的动力,支持你不断向前,去追求人生的梦。

如果说人生是参天的大树,信念就是挺立的树干。树干一倒,大树则倾;信念一失,人生则危。

信念的力量是惊人的,有的甚至可以创造"奇迹"。有了信念,人们的精神就有了寄托,就会不断地激励自己。

一百多年前,一位穷苦的牧羊人带着两个幼小的儿子替别人放羊。

有一天,他们赶着羊来到一个山坡上,一群大雁鸣叫着从他们头顶飞过,并很快消失在远方。牧羊人的小儿子问父亲:"大雁要往哪里飞？"牧羊人说："它们要去一个温暖的地方，在那里安家，度过寒冷的冬天。"

大儿子眨着眼睛羡慕地说："要是我也能像大雁那样飞起来就好了。我要飞得比大雁还要高，去天堂，看妈妈是不是在那里。"小儿子也说："要是能做一只会飞的大雁该多好啊！那样就不用放羊了，可以飞到自己想去的任何地方。"

牧羊人沉默了一会儿，然后对两个儿子说："只要你们想，你们也能飞起来。"

两个儿子试了试，都没能飞起来，他们用怀疑的眼神看着父亲。牧羊人说："让我飞给你们看。"于是他张开双臂，挥了两下，但也没能飞起来。可是，牧羊人肯定地说："我是因为年纪大了才飞不起来，你们还小，只要不断努力，将来就一定能飞起来，去想去的地方。"

两个儿子牢牢地记住了父亲的话，并一直努力着，等到他们长大之后，果然飞起来了，因为他们发明了飞机。这两个人就是美国的莱特兄弟。

信念是一支火把，它能最大限度地燃烧一个人的潜能，指引他飞向梦想的天空。

人生需要信念，需要坚定的信念。人生的道路固然难以一帆风顺，固然布满荆棘、充满坎坷，但只要有坚定的信念，就会看到希望，看到曙光。即使前方有再多的艰难困苦，即使前方的风浪再大，也会执着追求，无怨无悔。事实上，人生的价值并不在于成功后的荣光，而在于追求的本身，在于信念的树立与坚持的过程。

坚定的信念不是从来就有的。信念总是徘徊于坚持与动摇之中，总是彷徨于前进与退缩之中。信念的失去固然有其外在的迫力，固然有种种无奈，但主要还是在自己。

当还是一个孩子时，威廉·皮特就被教导：只有成就一番伟业，才不会辜负父母的期望。这是他所受一切教导的主旨。无论他身在何处，无论他做些什么，不管是上学、工作还是娱乐，他从未忘记过父母的教导：他应该出人头地，应该成为一个公正、睿智、有影响力的政治家。

这个观念在他身体的每一个细胞中生根发芽，并鼓励他锲而不舍、坚韧不拔地朝着这个明确的目标前进。

22岁那年，他就进入了国会；在23岁时，他当上了财政大臣；而到25岁时，他已经成了英国首相。

在大学毕业以后，别的同学为了确定自己该从事何种职业而瞻前顾后，他不需要这样浪费时间，而是毫不犹豫地朝着自己的目标勇往直前。皮特的一个对手曾这样评价他："这个人既不会冒进也不会退缩，他一直都在飞翔。"

古语云："锲而舍之，朽木不折；锲而不舍，金石可镂。"理想和信念是不可分的，只要一路长扬理想的风帆，远航的船就一定能够到达成功的彼岸。再多的艰难险阻也将会被伟大的勇气所折服，被坚定的信念所击败。当你能够用信念的火种点亮人生时，生命的璀璨就不再只是梦想。

## 照亮一生的不是电灯，而是信心

如果我们认为并且相信自己能够更进一步，那么成功的可能性就会更大。因为信心是一种心境，有信心的人不会在转瞬间就变得消沉沮丧。而没有信心的人，在遇事时，通常也就否定了自己的能力，放弃了让自己成功的机会。

信心不是一个空洞的口号，而是一个渴望成功的人必须具备的素质。

信心从某种程度上说就是相信自己能够成功，相信自己有能力达成心愿，它能激励人们积极行动。

有信心才能有主见，才能做出他人未做之事。缺乏信心，很容易会让人产生心理上的自我鄙视、自我否定以及自我挫败的感觉。因此从某种角度说，信心是人生的关键。

## 第八章 可以一无所有，但不能失去自信

请看下面一个发生在非洲的真实故事。

六名矿工在很深的井下采煤。突然，矿井坍塌，出口被堵住，矿工们顿时与外界隔绝了。

大家一言不发，他们谁都能意识到自己所处的状况。凭借经验，他们知道面临的最大问题是缺乏氧气，如果应对得当，井下的空气还能维持三个多小时。

外面的人已经知道他们被困了，但发生这么严重的坍塌就意味着必须重新打眼钻井才能找到这些矿工。在空气用完之前他们能获救吗？这些有经验的矿工决定尽一切努力节省氧气。他们说好了要尽量减少体力消耗，关掉随身携带的照明灯，全都平躺在地上。

在大家都默不作声，四周一片漆黑的情况下，很难估算时间，而且他们当中只有一人有手表。

所有的人都向这个人提问题：过了多长时间了？还有多长时间？现在几点了？

时间被拉长了，在他们看来，两分钟的时间就像一个小时，每听到一次回答，他们就感到更加绝望。

他们当中的负责人发现，如果再这样焦虑下去，他们的呼吸会更急促，这样会要了他们的命的。所以，他要求由戴表的人来掌握时间，每半小时通报一次，其他人一律不许再提问。

大家遵守了命令。当第一个半小时过去的时候，这人就说："过了半小时了。"大家都喃喃低语着，空气中弥漫着一股愁云惨雾。

戴表的人发现，随着时间慢慢过去，通知大家最后期限的临近也越来越艰难。于是他擅自决定不让大家死得那么痛苦，他在告诉大家第二个半小时到来的时候，其实已经过了45分钟。谁也没有注意到有什么问题，因为大家都相信他。

在第一次说谎成功后，第三次通报的时间就延长到了一个小时以后。他说："又是半个小时过去了。"另外五人各自都在心里计算着还有多少时间。

表针继续走着，每过一小时大家便收到一次时间通报。同时，外面的人也加快了营救工作。最后，营救人员发现其中五人还活着，只有一个人窒息而死，他就是那个戴表的人。

在很多时候，打败你的不是外在环境，而是你的心。被自己打败，别人给予再多的帮助也是徒劳。要让别人相信我们，首先就要自己相信自己。然而在现实生活中，放弃自己的权利，让别人的意志来决定自己生活的人实在不少。他们把自己的上学、择业、婚姻……统统托付或交给别人，失去了自我追求，最后变成了一个毫无价值的人，他们不知道，人生最大的缺失，莫过于失去自信。

看看周围的人，不难发现，有些人比你更出色，那不是因为他们拥有得天独厚的条件，事实上你和他们一样。如果你今天的处境与他们不一样，那多是因为你的精神状态和他们不一样。在同样一件事面前，你的想法、反应和他们不一样。他们比你更加自信，更有勇气。仅仅是这一点，就决定了事情的成败以及完全不同的成长道路。

第九章

没有今日的付出，
难有日后的享受

## 知本时代,要学会不断充实自己

一个被知识武装的人,本身就是力量的集合。假如不懂得地质科学,人们就不知道深埋在地下的宝藏;不懂得基因科学,就不能克服遗传障碍,满足人类生存的需要。可以说,没有科学文化知识的人,难以在知识经济的现代社会生存。

从前有个大力士,自诩是世界上力气最大的人。

他确实力大无穷,一只手可以随便提起一个五大三粗的壮汉,还可以轻而易举地把一棵成人小腿般粗的树连根拔起。

倚仗这一点,大力士在方圆百里称王称霸,为所欲为。村民们哪一天供奉的食物少了,不合胃口了或者晚到了一点都会受到他的叱责和痛打。村民们苦不堪言。

这天,一位好学的少年想出了一个对付大力士的妙计,于是

## 第九章 没有今日的付出，难有日后的享受

他找到大力士，要与他挑战。

少年说："你说你是世界上力气最大的人，我不信。你的力气没有我大。"

大力士被少年的话激怒了："你说什么？"

"我说你的力气没有我大，如果不信，我们可以比试比试。如果你输了，以后就不准再要老百姓为你供奉食物，不准欺侮他们，更重要的是你要离开这个村庄。"

大力士不屑一顾地答应了，心想自己怎么会输给一个手无缚鸡之力的小毛孩。

少年不知从哪个荒山野岭捡来一块致密的头盖骨，说，如果谁能把这块头盖骨掰开，谁就是胜利者。大力士说："这还不容易。"就开始掰起来，可费了九牛二虎之力仍然没有把头盖骨掰开。

少年则把一颗裹了泥土的种子放进头盖骨里，每天为它浇水。一星期以后，种子破土而出，头盖骨裂开了。

大力士无话可说，灰溜溜地离开了村庄。

这就是知识的力量。大力士虽然力大无穷，但那终究是蛮力，而少年却知道用种子发芽的力量打开坚密的头盖骨，用知识的力量为村民们赢得了平和安宁的生活。

一个人的力量终究是有限的，而知识的力量是无限的。对于一个人来说，拥有大的力气的确令人佩服。大力士在年轻力壮的

时候的确可以称雄一时，但随着时间的推移，气力也会随之减弱。一个人不可能一生都是大力气，但是，知识的力量是经得起考验的，历经时代的变化，不但不会减弱，反而会更加强大。

时代在前进，社会也在不断进步。纵观世界发展，知识越来越成为衡量人才的标准。

曾经有人问李嘉诚的成功秘诀，他的回答很明确：靠学习，不断地学习！

李嘉诚从小就喜欢学习，到了香港后，他坚持半工半读。父亲去世后，他在做推销员时边进修边工作，赚钱养家。他曾深有体会地说：年轻时代，在兴趣的驱使下，如饥似渴地寻求新知识。事实证明，当初学习的冲劲，对日后的事业发展有着极大的帮助。

也许有人会说，李嘉诚的成功在于幸运、在于机遇。但机遇偏爱有头脑的人，正是由于李嘉诚永不停步地学习，才使得他成为一个超级富豪。

同样，如果你每天花一个小时的时间用来学习你不知道的知识，那么在几年之后，你就会惊讶于它给你的生活带来的影响。

当然，"书山有路勤为径，学海无涯苦作舟。"我们在有限的生命里不可能把所有的知识一网打尽，但只要不断地充实自己，一点一滴地积累，就能每天领先别人一步。学得越多，懂得越多，力量就越大。

## 必须舍得下苦功夫

吃得苦中苦,方为人上人,成功之路是用汗水铺就的,能吃苦的人才能有甜蜜的收获。一个人如果只想着朝九晚五的工作和生活方式,从不愿意多付出的话,是不可能取得成功的。

爱迪生一生作出了一千多项发明,为人类社会的发展作出了巨大的贡献,但即便如此,他在70岁以后每天还工作14个小时以上。曾经有人问他:"你每天工作那么多时间,不感到辛苦吗?"爱迪生回答说:"辛苦?我从来没有觉得辛苦,我认为工作是一种享受。"

人做事当然需要方法,需要聪明的头脑,但太依赖聪明则容易走向投机取巧的极端,反而不如一步一个脚印地做事,付出十二分的辛苦和努力。不可否认,任何声称轻轻松松就能成功的宣传都是一种欺骗。"成功"之"功"字即有日积月累、坚持不懈的含义。凡是与努力不沾边的事情，都是与成功背道而驰的。想成功，更是没有捷径可走，必须舍得下苦工夫。

年纪轻轻踏实一些，吃些苦，可以为以后打下良好的基础。如果你能容忍在半夜两点被叫醒，并且以愿意做的态度工作时，别人将会记住你并给予你很高的评价。而这些，恰恰是你开创锦绣前程的资本。

鲁迅说过：即使是天才，生下来的第一声啼哭也和普通人一样，绝不会是一首好诗。天才之所以成就别人难以成就之事，后天的努力很重要。所谓"没有耕耘就没有收获"，这句话的道理永远不变。成功的道路是用努力铺就的。要想开创美好前程，先苦后甜是永恒的硬道理。

斯蒂芬·金是世界上著名的恐怖小说大师，他成功的方法是：每天天刚亮，就伏在打字机前开始一天的写作。一年之中，除了生日、国庆日与圣诞节这三天不写作，其余时间天天如此，成名后依然如此。他说，这种笨方法给他带来的好处是永不枯竭的灵感。

一位女士曾对贝多芬说："我多么希望能弹得像您这样好，多么希望生下来就有您那双天才的手啊。"贝多芬轻轻一笑说："假如四十年来，您能像我一样每天弹琴几小时，那么，您也能像我一样具有一双天才的手。"

这些成功人士的故事都告诉我们,成功固然需要方法,但一个人的成功不仅取决于才能、资质,更取决于态度、意志这些非智力因素。成就的大小始终与付出的心血成正比,有一分劳动就有一分收获,日积月累,从少到多,哪怕再笨的人,都可以创造出奇迹。

## 不怕你不会,就怕你不学

当今时代,世界在飞速发展,知识更新日新月异,人们要适应变化的世界,就必须努力做到活到老、学到老,要有终生学习的态度。

在信息爆炸、知识更新迅速的今天,学习新的知识和技能,对于渴望成功的年轻人来说至关重要。"今天不学习,明天就要被淘汰。"这一观念早已成为公认的准则,不管你在哪个圈子里谋求发展,充电都是一门必修课。学习一切,消化一切,活到老学到老,是摆在你面前的形势。

台湾有一个著名的企业家陈茂榜,他的讲演经常折服所有的听众。事实上,陈茂榜只有小学文凭,但他却获得了美国名牌大学颁发的名誉商学博士学位。那么,他是如何获得名誉博士学位的呢？我们看看他是怎样做的。

陈茂榜15岁辍学到一家书店当店员，他每天从早到晚工作12小时。但是下班以后，读书就成了他的享受，书店也成了书房，他每天遨游于书海之中。日子一久，他养成了每晚至少读书两个小时的习惯。他在书店工作了八年，也读了八年书。

陈茂榜深有体会地说："记住这样一句话，一个人的命运，决定于晚上8点到10点之间。"

从陈茂榜的例子可以总结出这样一个真理：白天求生存，晚上谋发展，这是如今渴望成功的人们需要遵循的最起码原则。

比尔·盖茨就讲过一句话："在21世纪，人们比的不是学习，而是学习的速度。未来社会的竞争，必将会从今天的人才竞争转向学习能力的竞争。"对于年轻人来说，不怕你不会，就怕你不学。这里的"学"并不是要你再像学生一样单纯背教科书、学那些刻板的书本知识，而是要活学活用，在工作中发现自己的不足，然后尽快弥补它，让自己的能力得到全方位的提升。

例如，如果需要给老板开车，而方向感又不强，那就要抓紧时间熟悉环境；如果你要采访财经人物，而对他所从事的行业又不了解，那就要抓紧时间去恶补资料；如果你要从事公关方面的工作，而相关经验不太够，那就抓紧时间去跟前辈请教……总之，需要什么你就得学什么，并且要尽可能多地消化你所学的知识，把它们发挥到日常工作中去。

"学而不思则罔，思而不学则殆。"一边学一边思考，在思考的过程中提高自己的学习效率，相得益彰，才能让你在成功的路上走得顺风顺水。

## 再坚持一下，再尝试一次

不可否认，那些最后获得成功的人，并不是因为他们比别人失败得少，而是因为他们每一次跌倒后又顽强地站了起来——站起来的次数永远都比跌倒多一次。

张明正，在全球的高科技行业中，很少有人不知道这个名字。1988年，张明正以5000美元在洛杉矶创业。经过多年的沉浮，他的趋势科技公司已经成为世界上知名的单一软件公司，他本人也连续两年被美国《商业周刊》推选为"亚洲之星"。

张明正事业的转折点是在1992年。当时，他还是一个名不见经传的小人物。有一天，他突发奇想，一定要找机会与世界级IT巨头英特尔公司合作。

很快，他获悉英特尔网络部门的主管将在纽约参加一个研讨会，于是就前去拜访。

第一次去，秘书打量了一下这个没有什么名气的年轻人，冷冷道："主管太忙了，没有时间。"

第二次去，秘书一看是他，不假思索地说："没时间。"连吃两次闭门羹，张明正并没有放弃，他下定决心非要见到主管不可。

于是，第三次求见，第四次求见，第五次……

终于，秘书的态度软了下来："主管正在开会，不知道什么时候结束，如果您愿意，可以等他。"

张明正当然愿意等。他一分一分地等，一直等了五个小时，终于见到了那位主管。他告诉主管自己找了他多少次，等了他多少小时。

那位主管大为惊讶。他想，这个年轻人费尽周折来求见，一定有非常重要的事情。于是，他热情地接待了张明正，并耐心地听他讲述自己的公司和公司的产品——防毒软件。

听着听着，这位主管对这种软件产生了兴趣，当场答应使用他们的防毒软件，不仅签下了大量订单，还同意张明正以英特尔的品牌行销。

在经过漫长的等待之后，事情进展得竟然如此顺利，这是张明正做梦都没有想到的。他知道，像英特尔这样的大牌公司是从来不与名不见经传的小公司合作的。但是，这个绝无仅有的机会却给了他。

通过与英特尔公司的合作，张明正的名气日益飙升。经过短短几年的迅猛发展，他的趋势科技公司就成为全球最热门的上市公司之一。

很多事情不是不可能成功，而是我们总习惯于浅尝辄止。要知道，仅仅是尝试而不付出百分之百的努力是不可能成功的。很多梦想不是不可能实现，而是看我们有多大的决心去做。我们必须有破釜沉舟、志在必得的决心，锲而不舍、百折不挠地去追求，才有成功的希望。

对于年轻人来说，除了我们自己，任何人都无法把我们打败。当我们面临挫折与打击时，要勇于告诉自己：这只是暂时的失利。我们并没有失败，只是暂时还没有成功。

当感到自己快要不行了的时候，我们要告诉自己：再坚持一下、再尝试一次。也许下一次，就是成功！

## 做事情要尽职尽责

一个人无论从事何种职业，都应该尽职尽责，尽自己的最大努力，求得不断的进步。这不仅是工作的原则，也是做人的原则。

有人说，知道如何做好一件事，比对很多事情都懂一点皮毛要强得多。

在美国有一家皮毛销售公司。老板吩咐三个员工去做同一件事：去A供货商那里调查一下他们公司皮毛的数量、价格、品质。

第一位员工五分钟后就赶回来汇报。他并没有亲自去调查，而是向下属打听了一下供货商的情况就回来做汇报。

三十分钟后第二位员工回来汇报，他亲自到A供货商那里了解了皮毛的数量、价格和品质。

第三位员工九十分钟后才回来汇报，原来他不但亲自到A供货商那里了解了皮毛的数量、价格和品质，还根据公司的采购需求，将A供货商那里最有价值的商品做了详细记录，并且和A供货商的销售经理取得了联系。在返回途中，他还去了另外两家供货商那里了解皮毛的商业信息，将三家供货商的情况做了详细的比较，制订出了皮毛的最佳购买方案。

不难看出，第一个员工只是在敷衍了事，草率应付；而第二个充其量只能算是被动听命。真正尽职尽责地行事的只有第三个人。简单地想一想，如果你是老板，你会雇用哪一个？你会赏识哪一个？如果要加薪、提升，作为老板，你愿意把机会留给谁？如果你想做一个值得老板信任的员工，就必须尽量追求精确和完美。

许多人都曾为一个问题而困惑不解：明明自己比他人更有能力，但是成就为什么却远远落后于他人？不要疑惑，不要抱怨，而应该先问问自己一些问题：

自己是否真的走在前进的道路上？

自己是否像画家仔细研究画布一样，仔细研究职业领域的各个细节问题？

为了扩大自己的知识面，或者为了给你的老板创造更多的价值，你认真阅读过专业方面的书籍吗？

在自己的工作领域，你是否做到了尽职尽责？

如果你对这些问题无法作出肯定的回答，那么这就是你无法取胜的原因。

那些技术半生不熟的泥瓦工和木匠,将砖石和木料拼凑在一起来建造房屋,在这些房屋尚未售出之前,有些已经在暴风雨中坍塌了;专业不精的医科学生不愿花更多的时间学好技术,结果做起手术来笨手笨脚,让病人冒着极大的生命危险;律师在学习法律时不注意培养能力,办起案件来捉襟见肘,让当事人白白花费金钱……这些都是缺乏敬业精神的表现。

无论从事什么职业,都应该精通它。让这句话成为你的座右铭吧!如果你是工作方面的行家里手,精通自己的全部业务,就能赢得良好的声誉,也就拥有了一种成功的秘密武器。

如果你对自己的工作没有做好充分的准备,又怎能因自己的失败而责怪他人、责怪社会呢?学生时代一旦养成了半途而废、心不在焉、懒懒散散的坏习惯,运用一些小伎俩来蒙混过关,欺骗老师,一旦步入社会,就不可能出色地完成任何任务。如果一个人认为小事情是不值得认真对待的,那么如果他想著书立说,必定会漏洞百出。一些人从来不认真地整理自己的论文和书信,所有的文稿和信件散乱地堆放在书桌上,办事时他就会缺乏条理,不讲究秩序,思维也不周密,结果是连自己最基本的立场、原则和态度都会丧失,也会失去他人对自己的信心。

这种人注定不会是成功者,家人和同事也会为他们感到沮丧和失望。如果这种人成为领导,将会造成更恶劣的影响,其下属也必定会受这种恶习的传染。当他们看到上司不是一个精益求精、细心周密的人时，往往会群起而效仿。这样一来，个人的缺陷和弱点就会渗透到整个事业中去，进而影响公司的发展。

一位先哲说过："如果有事情必须去做，便全身心投入去做吧！"另一位哲人则道："不论你手边有何工作，都要尽心尽力地去做！"

做事情无法善始善终的人，其心灵上亦缺乏相同的特质。他不会培养自己的个性，意志无法坚定，无法达到自己追求的目标。一面贪图玩乐，一面又想修道，自以为可以左右逢源的人，不但享乐与修道两头落空，还会悔不当初。所以，请全力去做该做的事吧。它给你带来的收获，远比你想象中更多。

## 每天多做一点点

身处困境而拼搏能够产生巨大的力量,这是人生永恒不变的法则。如果你能比分内的工作多做一点,那么,不仅能彰显自己勤奋的美德,而且能发展一种超凡的技巧与能力,使自己具有更强大的生存力量,从而摆脱困境。

一般来说,打工者的内心难免会有这样的想法:我必须为老板做什么?殊不知,存在这样的想法本身就阻碍了我们的发展之路。我们想要获得成功、获得发展就要改变这种想法,把想法变成:我能为老板做些什么?

在工作的时候,全心全意、尽职尽责是不够的,还应该比自己分内的工作多做一点,比别人期待的更多一点,这样才可以吸引更多的注意,给自我的提升创造更多的机会。

## 第九章 没有今日的付出，难有日后的享受

如果你只是从事报酬分内的工作，那么将无法争取到人们对你的有利的评价。但是，当你愿意从事超过你报酬价值的工作时，你的行动将会促使与你的工作有关的所有人对你作出良好的评价，将增加人们对你的服务的要求。

不可否认，社会在发展，公司在成长，个人的职责范围也随之扩大。因此，不要总是以"这不是我分内的工作"为由来逃避责任。当额外的工作分配到你头上时，不妨视之为一种机遇。

每天多做一点，初衷也许并非为了获得报酬，但往往获得的会更多。

一位成功人士曾向人讲述他的经历。

"50年前，我开始踏入社会谋生，在一家五金店找到了一份工作，每年才挣75美元。有一天，一位顾客买了一大批货物，有铲子、钳子、马鞍、盘子、水桶、箩筐等等。这位顾客过几天就要结婚了，提前购买一些生活和劳动用具是当地的一种习俗。货物堆放在独轮车上，装了满满一车，即使骡子拉起来也有些吃力。送货并非我的职责，而完全是出于自愿，但我为自己能运送如此沉重的货物感到很是自豪。

"一开始一切都很顺利，但是，车轮一不小心陷进了一个不深不浅的泥坑里，使尽吃奶的劲都推不动。这时，一位心地善良的商人驾着马车路过，用他的马拽出我的独轮车和货物，并且帮我将货物送到顾客家里。在向顾客交付货物时，我仔细清点货物

的数目，一直到很晚才推着空车艰难地返回商店。我为自己的行为感到高兴，但是，老板却并没有因我的额外工作而称赞我。

"第二天，那位商人将我叫去，告诉我说，他发现我工作十分努力，热情很高，尤其注意到我卸货时清点物品数目的细心和专注。因此，他愿意为我提供一个年薪500美元的职位。我接受了这份工作，并且从此走上了自我发展之路。"

因此，我们不应该抱有"我必须为老板做什么"的想法，而应该多想想"我能为老板做些什么"。一般人认为，忠实可靠、尽职尽责完成分配的任务就可以了，但这还远远不够，尤其是对于那些刚刚踏入社会的年轻人来说更是如此。要想取得成功，必须做得更多更好。

如果你是一名货运管理员，也许可以在发货清单上发现一个与自己的职责无关的未被发现的错误；如果你是一个过磅员，也许可以质疑并纠正磅秤的刻度错误，以免公司遭受损失；如果你是一名邮差，除了保证信件能及时准确到达，或许还可以做一些超出职责范围的事情……这些工作也许是专业技术人员的职责，但是如果你做了，就等于播下了成功的种子。

付出多少，得到多少，这是一个众所周知的因果法则。也许你的投入无法立刻得到相应的回报，但不要气馁，一如既往地多付出一点，回报可能会在不经意间，以出人意料的方式出现。

第十章

突破自我极限，
遇见未知的自己

## 用意志力驱使自己不断前进

追求高质量的人生,全靠我们的勇气,全靠我们的信仰,全靠我们的恒心、意志力和行动。对于每一个人来讲,勤奋的努力就如同一杯浓茶,比成功的美酒更于人有益。一个人,如果毕生能坚持勤奋努力,本身就是一种了不起的成功。

一个男孩的父母希望他们的儿子能成为一位体面的医生。后来,男孩终于按父母的意愿考入了一所医科大学,可是这个男孩只对电脑感兴趣。

在第一学期,他从当地零售商处买来降价处理的IBM个人电脑,在宿舍里改装升级后卖给同学。他组装的电脑性能与质量都十分优良,而且价格便宜。因此,他的电脑不但在学校里走俏,而且连附近的律师事务所和许多小企业也纷纷前来购买。

第一个学期快要结束的时候,他告诉父母说他要退学。父母坚决不同意,只允许他利用假期推销电脑。并且,要求他承诺,如果这个夏季销售不好,就必须放弃电脑生意。可是,男孩的电脑生意在这个夏季却进一步突飞猛进,仅用了一个月的时间,他就实现了18万美元的销售额。

之后,这个男孩组建了自己的公司,打出了自己的品牌。在很短的时间内,他良好的商业成绩引起了许多投资家的关注。第二年,公司便顺利地发行了股票,这个男孩也由此拥有了1800万美元的资产,这年他才23岁。

十年之后,他还竟然创下了类似于比尔·盖茨般的神话,拥有资产达43亿美元。这个男孩就是戴尔公司总裁迈克尔·戴尔。

戴尔之所以能成功,就是因为他坚信一句话:"有朝一日我会开一家公司的。"也就是这么一句话,一直激励他不断地向成功迈进。后来,比尔·盖茨亲自飞赴奥斯汀向他祝贺,对他说:"我们都坚信自己的信念,并且对这个行业富有激情。"这时,两位商业巨人的手也紧紧地握在了一起。

坚信你自己的信念,并静下心来努力去做,成功就会触手可及。生活中,你或许很勇敢,也很自信,有过一些知识和经验,或许曾经一度也坚韧无比,但你没有成功,或者说离你心目中的成功还有一定的差距,原因关键就在于你没有把勇敢、自信、方法、坚韧这些"成功因素"糅合在一起,让它们变成自己的信念来坚守。

有位年轻人曾说:"我要写出一部可以轰动社会的小说来。"当时,他的确有一股火热的激情。于是,他沉醉于其中,一口气便写了五万多字,颇为自信地拿给朋友看。

朋友觉得他的文字语言技巧很好,但是故事构架平平淡淡,情节也有些不伦不类,不但不能产生轰动效应,甚至连一般的杂志也难以接受。但是,朋友仍然以极大的热情鼓励他,希望他打乱现有的结构,重新设计故事中的某些细节。

听过朋友的话之后,他像泄了气的皮球一样再无斗志了,不想再重新构思。于是,他直接就把这篇小说投到了两家杂志社,但都被退了回来。从此,他对写小说不再有强烈的兴趣了,自信心也消失了。

自那以后,这个年轻人虽然也有过几次冲动,开过几篇小说的头,但至今仍没有结果。再后来,他便放弃了文学之路。

其实,若以文学基础及创作条件而论,年轻人完全有可能在文学创作上有所成就,但可悲之处就在于他缺乏耐性、缺乏坚韧的意志、松懈情绪,从而扼杀了他的创造才能。

麦当劳创始人克罗克曾说:

"意志力是无法替代的。天赋无法替代它,有天赋却失败的人比比皆是;教育无法替代它,受教育却失败的人到处都有;才能无法替代它,有才能却失败的人随时可见;只有意志力是无所不能、所向披靡的。"达·芬奇也说："顽强的意志力可以克服任何障碍。"

　　意志力，不是天生的，也不是随随便便就产生的，它正是人的一种习惯，是在人的实践活动中逐渐培养、发展起来的。犹如人的其他各种心理形态一样，培养意志力也必须要以清楚的动机作为基础。这些动机就是：

　　——准确的目标。这是培养意志力的第一步，也是最重要的一步，就是要明确自己所渴望的是什么。强烈的动机会帮助人们击败很多挫折。

　　——欲望。若有强烈的欲望，就比较容易获得和保持意志力。

　　——自我激励。要有实现这个计划的自信心，并能激励自己去征服实现计划中的任何阻碍。

　　——计划明确。有组织的计划可以引发意志力，即使这个计划有些不完整和局限性。

　　——计划的落实。观察与分析必须仔细，不能用猜测来代替扎扎实实地去做。

　　——协调合作的精神。培养意志力还必须是相互之间达成的谅解与融洽的合作。

　　——意志。思想集中到准确的计划上也会产生意志力。拿出勇气来反省思过，了解自己以及自己的意志力，将意志力培养成一种习惯，你便会因无坚不摧的意志力而获得丰富的回报。

## 消灭"差不多",认真对待每件事

人总有一种习惯,总认为不管什么事,只要做到"差不多"就行了,何必那么叫真。但这种心理要不得,只有完善自己的责任意识系统,把事情尽可能地做到尽善尽美,个人的发展才能指日可待。

看看我们身边,不难发现我们有时和别人相比会有很大的差距。追及原因,就是我们做事时的每一个环节还不够"认真"。同样是人,只能说别人在这个细节上做得很好,而我们对自身的要求,只是感觉差不多就可以,似乎没必要付出那么多的心血,最后自己为自己说情,自己为自己开脱,于是就真的差不多了。

有这样一个故事:临近黄河岸边有一个村庄,为了防止水患,农民们筑起了巍峨的长堤。一天,有个老农偶尔发现蚂蚁窝一下子猛增了许多。老农心想：这些蚂蚁窝究竟会不会影响长堤的安全呢？他要回村去报告，路上遇见了他的儿子。儿子听后不以为然地说："那么坚固的长堤，还害怕几只小小的蚂蚁吗？"随即拉着老农一起下田了。当天晚上风雨交加，黄河水暴涨。咆哮的河水从蚂蚁窝开始渗透，继而喷射，终于冲决长堤，淹没了沿岸的大片村庄和田野。

对于敬业者来说，凡事无小事，简单不等于容易，花大力气做好小事情，把小事做细，就是他最大的胜利。

对于一个认真的人来说，"差不多"就意味着"差很多"，越是细小的地方他会越精心。销售员注意细节，会让客户感受到一种责任，从而赢得信任与长期合作；财务人员注意细节，会减少公司资金漏洞，及时挽回损失。关注细节不是小事大作，因为事情都是积累的，今天一件事情做不到位，明天得到的就是一大堆的"差不多"工程，最后只能是自食苦果。

有两个乡下人，一同来到一座大城市，都选择了卖菜，并且在一个市场上，摊儿还挨着摊儿。都是卖菜，可几年之后，却卖出了天壤之别。一个卖成了蔬菜批发商，手里有资产近千万；另一个因生活无着落，只好回到了乡下。

那么，这种差别是怎么形成的呢？成功者每天都要拿出一点时间把黄菜叶子和烂根去掉，弄得水灵灵的很是好看；失败者却从来没有理会过这一点——卖菜怎么能没有黄叶子和烂根！成功者每天总是把菜摊儿收拾得规规矩矩,把菜码放得整整齐齐,让人看着就舒服;失败者只把菜往地上一摊,爱怎样怎样!成功者每天要多卖半小时,尽力全部卖出;失败者认为无所谓,今天卖不动,还有明天。

就是这些细微的差异,导致了二人不同的命运。

可见,做事并不难,人人都在做,天天都在做,难的是把事情做成。很多人做了不少事,付出了很多精力,当工作完成到99%就放松了,而不注意1%,就会功亏一篑,1%的错误也会导致100%的失败。

## 明天的你要比今天更强

人的意识中潜藏着不少恐惧，有的是因自己的怯懦而产生，有的是外力在我们成长的过程中所带来的阴影，但如果不敢面对，而只想处处躲避它，那么终会被它击败。

一个人要想获得足够的勇气去完成某一件事情，除了需要自身的意志力和坚定的信念外，还要相信自己有能力去完成它。

罗慕洛是个善于演讲的人，但由于身材矮小，他在公众活动中常常遭到嘲笑，甚至受到歧视。

有一次，罗慕洛参加学校组织的演讲比赛，他是最后一个上台的。当他走上主席台时，却发现前面的桌子几乎比自己的头顶还高。原来，组委会有位同学本来和他一同参加了初选，却被口才出众的他给淘汰下来，同学怀恨在心，故意准备了一张高桌子。

台下哄笑声一片，显然，罗慕洛还没开始演讲，便输了别人一头。谁知，就在哄笑声中，只见罗慕洛转身走向主席台的一角，扛了一把梯子过来，然后踏着梯子爬上了桌子。

台下顿时鸦雀无声，老师和同学们都瞪大了眼睛。罗慕洛站在桌子上，口若悬河地讲起来。他卓然傲立的姿态和精彩的演讲震动了所有的人，台下发出阵阵雷鸣般的掌声。

后来，罗慕洛凭借自己在演讲和思辨等方面的超群能力，成为菲律宾的外长，一次又一次地出现在国际政治舞台上。

我们往往把失败归咎于自身的缺陷，其实，缺陷可以用智慧来弥补。在现实生活中，总有一把梯子可以帮助你，只要找到它，你就能登上成功的高峰。

要明白，人，最大的敌人不是别人，而是自己。打败别人，赢得第一，并不是最重要的。重要的是，你是否能学会尊重自己，能不能发现自己的价值在哪里。每个人在乎的应该是能否做自己，将来的自己会不会比现在更强。

海洋动物园里有一条重达8600公斤的大鲸鱼，能够跃出水面6.6米，还能向游客们表演各种杂技。面对这条出色的鲸鱼，游客们纷纷向训练师请教训练秘诀。

原来，最初开始训练时，他们先把绳子放在水面下，使鲸鱼不得不从绳子上方通过，每通过一次，鲸鱼就能得到奖励。这种训练就像是游戏一样，鲸鱼很喜欢。

渐渐地，训练师把绳子提高，只不过每次提起的幅度都很小，大约只有两厘米，这样鲸鱼不需花费太大的力气就能越过去，获得奖励。而时常受奖的鲸鱼，便很乐意接受下一次的训练。

随着时间的推移，鲸鱼跃过的高度逐渐上升，最终竟然达到了6.6米。

可以说，正是每次微不足道的两厘米的进步，最终成就了令人惊叹的"6.6米之跃"。而一条原本普通的鲸鱼，也因此跃过龙门成为明星。

每天进步一点点，听起来似乎没有冲天的气魄，没有诱人的硕果，没有浩大的声势，可仔细琢磨一下，每天进步一点点，就是在默默地创造一个意想不到的奇迹。每个人的人生中都有无限的可能，只要明天的你比今天强，就定会成为一个成功者。

## 树立危机意识，催促自己前行

未来是不可预测的，而人也不是天天走好运的，因此，我们要有危机意识，在心理及实际作为上有所准备，以应付突如其来的变化。

在现实生活中，危机处处都有。然而，危机并非祸患，它只是一种必然的过程。人虽有危机之患，但它未必成祸，关键在于你是否具有危机意识，能否在危机来临的时候将危机转化为机遇。

《伊索寓言》里有一则这样的故事：有一只野猪对着树干磨它的獠牙，一只狐狸见了，问它为什么不躺下来休息享乐，而且现在没看到猎人。野猪回答说："等到猎人和猎狗出现时再来磨牙就来不及了。"

这是一只具有"危机意识"的野猪，它会时刻戒备着猎人和猎狗,也就成了存活率最高的野猪。

危机并不可怕,可怕的是没有危机意识。大自然中的生存法则足以让我们理解这样的道理。清晨,在非洲草原上的羚羊从睡梦中醒来,它就会意识到危机的存在,意识到新的比赛就要开始了,对手仍然是跑得比它快的狮子。要想生存下来,就必须在速度上超越对手。另一方面,狮子的思想负担也很重,假如跑不过最慢的羚羊,那么最终的命运也是一样。所以说,面对新的一天,为了生存下去,最好的办法就是跑得快一点儿。

由此可见,无论是强大的狮子还是弱小的羚羊,在物竞天择的自然界中都面临着生存的危机。要想逃避死亡的追逐,首先要战胜心理的危机,否则稍一松懈,就会成为别的动物的战利品。

"鲇鱼效应"同样说明了这个道理:挪威人喜欢吃沙丁鱼,尤其是活的,因此渔民总是千方百计地让沙丁鱼活着回到渔港。可是虽然付出了许多努力,但绝大部分的鱼还是在途中窒息而死。然而,有一条船上的沙丁鱼总能活着回到渔港。

原来,船长在装满沙丁鱼的鱼槽里放入一条吃鱼的鲇鱼。鲇鱼进入鱼槽后便四处游动。而沙丁鱼见了鲇鱼十分紧张,四处躲避,加速游动,这样,沙丁鱼便活蹦乱跳地回到了渔港。可见,沙丁鱼是因承受了外界的刺激和压力才保持了生机和活力的。

人其实也一样,危机同样可以成为个人获得快速发展的源源不尽的动力。因此,时刻保有危机意识,会让自己获得更多的进步。

## 力不从心时，不妨冥想一下你的愿景

一个人之所以伟大，是因为他树立了一个伟大的目标，拥有美好的愿景。美好的愿景可以产生伟大的动力，伟大的动力推进伟大的行动，伟大的行动必然会成就伟大的事业。所以，当你感到力不从心时，不妨冥想一下你的愿景。

看过《风雨哈佛路》的人都会感慨，这真的是很棒的片子，影片展示给人们的正是理想的力量。

莉斯的父母都是吸毒者，父亲还是流浪汉。活在社会最底层的她，在母亲死后，只有两条路可走，要么去做妓女或者小偷，要么去拼命，虽然这不一定有结果。然而，莉斯去了学校读书。每天，她在地铁上过夜，还要靠打工来养活自己，最重要的是，她还要拼命读书。

## 第十章 突破自我极限，遇见未知的自己

莉斯过得无比狼狈。住在地铁上，捡食别人丢弃的食物，但是她没有因此放弃自己的理想，她决定推自己一把，她想和人们站在一起，不想在他们之下。她想去哈佛，受最高的教育，读最好的书，用她所有的潜能去做这件事。每当莉斯感觉自己快要撑不下去的时候，她就冥想一下将来在哈佛的读书生活，于是她就觉得自己拥有了坚持下去的力量。

"我为什么要觉得自己可怜，这就是我的生活。我甚至要感谢它，它让我在任何情况下都必须往前走。我没有退路，我只能不停地努力向前走。我为什么不能做到？"她说："我不会累垮，我会挺过来的，因为我有梦想。"

我们从来没有像莉斯一样无路可退过，我们总有多种选择。莉斯做过乞丐，在垃圾箱里捡过食物，偷过东西，夜晚只能睡在大街或地铁上。但她并不在乎这些，因为她的哈佛梦想总是能够给她力量，让她从不妥协。所以，我们也应该树立属于自己的梦想，然后拼命实现理想。当生活让你感到力不从心的时候，美好的愿景和理想会给你勇气和力量。

美国最大的工业机构的一位人事专家，每年都要到各大学里挑选一些将要毕业的学生参加公司初级经理人员的预备训练。她指出，她对许多大学生的心态感到很失望。

"通常我都要和八至十二位毕业生面谈，他们都是班上的前三名，而且都表示很乐意到我们公司工作。我们考虑的决定因素

之一是个人的动机。我们要看他是否有潜力，能否在几年内独当一面，实现重要的计划，管理一个分公司或分厂，或者在其他方面对公司有实质性的贡献。我不得不说，我对我所面谈的大部分学生的个人目标并不十分满意。

"你会很惊讶，有那么多年仅二十岁的年轻人对退休计划比任何事都更感兴趣。

"对他们而言，'成功'只是'保障'的同义词。他们关心的主要问题是：'我会被经常调动吗？'你想，我们能把公司交给这样的人吗？更使我无法理解的是，现在的年轻人对于未来的态度，竟然还是那样极端的保守、狭隘。"

胸怀理想的人，不会被暂时的挫折所吓倒，因为在他们力不从心的时候，梦想能给他们力量。这种坚定刻苦的人能获得成功的主要原因是有崇高的理想在激励他们前进，激励他们发挥潜能。

安东尼·罗宾认为，远大的理想造就伟大的人物。所以，不妨为自己设计出一个美好的愿景吧。在你遭遇困难和挫折时，你心中美好的愿景能够陪你度过艰难的时光。

## 否定当下的自己，在挑战极限中实现超越

在攀登者的心中，下一座山峰才是最有魅力的。攀越的过程，最让人沉醉，因为这个过程充满了新奇和挑战，而谦逊的心态将使你的人生渐入佳境。

不断否定自己其实是对自身的一种心理认可和自信，也是一个不断认识自己的心理过程。一个人只有对自己形成正确的认识，知道自己是一个什么样的人，能够做什么，不能做什么，他才能做自己的主人，对事情独立地作出判断和采取行动；才能够不怕否定、批评和指责，凡事拥有自己内在的标准；才能够不寻求赞许，不为了单纯地得到赞许而丧失自我；才能够不停留在现在的安全感里，敢于展现勇气去超越自我。

鹰是世界上寿命最长的鸟类，它可以活70年。但要度过搏击

长空70年的峥嵘岁月,在40岁的时候,它必须做出艰难却非常重要的一次抉择。

40岁的老鹰爪子已经老了,无法有力地抓攫猎物,喙变得又长又弯,几乎碰到胸膛。羽毛长得又浓又厚,翅膀十分沉重,飞翔十分吃力。这个时候,它只能有两种选择:或者等死,或者经过一个十分痛苦的蜕变过程。

后一种选择要经过150天漫长的重新修炼。它必须飞到山顶悬崖上筑一个巢,停留在那里,不再飞翔。

老鹰首先用它的喙击打岩石,直到喙完全脱落,然后静静地等候新的喙长出来。它会先用新长出的喙把指甲一根一根地拔出来,当新的指甲长出来后,它们便把羽毛一根一根地拔掉。

5个月以后,新的羽毛长出来了,后30年,老鹰又可以重新在高空自由翱翔了!

无独有偶,传说中有一种神鸟,名叫凤凰。神鸟天生尊贵,性情刚烈坚毅,不论遭遇怎样的艰难险阻,磨难过后,总是可以在一片火焰的灰烬中得到重生,生生不息。

当然,否定自己不仅是痛苦的,而且有时也会令自己难堪。但敢于否定自己,能够使人成熟,会让你赢得更多的尊重。对领导者来说,勇于否定自己,更是一种胸怀的体现和睿智的选择。

哈佛大学校长讲过一段自己的亲身经历:

有一年,校长向学校请了三个月的假,然后告诉家人:不要问我去什么地方,我每个星期都会给家里打个电话报平安。

校长只身一人去了美国南部的农村,尝试着过另一种全新的生活。在农村,他到农场去打工,去饭店刷盘子。在田地做工时,背着老板吸支烟或和自己的工友偷偷说几句话,都让他有一种前所未有的愉悦。最有趣的是最后他在一家餐厅找到一份刷盘子的工作,干了四个小时后,老板把他叫来,跟他结账。老板对他说:"可怜的老头,你刷盘子太慢了,你被解雇了。"

"可怜的老头"重新回到哈佛,回到自己熟悉的工作环境后,却觉得以往再熟悉不过的东西都变得新鲜有趣起来,工作对他而言成了一种全新的享受。

这三个月的经历,像一个淘气的孩子搞了一次恶作剧一样,新鲜而有趣。原本洋洋自得甚至能"呼风唤雨"的哈佛大学的校长,自己原本认为的博学与多才,在新的环境中却是一文不值。更重要的是,回到一种原始状态以后,就如同儿童眼中的世界,也不自觉地清理了原来心中积攒多年的"垃圾"。

的确,学无止境,我们只有定期给自己复位归零,清除心灵的污染,才能更好地享受工作与生活。所以,请不要甘于平凡,懒于追逐。拿出你的魄力,去挑战更大的困难,会使你收获更多的笑脸,使你的人生增添更多的色彩。

如果你已经处于事业的转折关头,或者你对自己还不满足,希望有一个崭新的未来,请不要浑浑噩噩,要认真重新盘点一下自己：

请抽出一天的时间，用于回顾和思考，并谋划你的新事业。要避开一切干扰，不要让人打断你的思路。你可以做下面的选择，无论你是订下一个宾馆的房间，还是去野外的河岸，或是关闭在书房里，都可以。但你要郑重其事，在内心把这件事作为你为自己埋葬过去、开启未来举行的一个仪式。

然后，积极研究你的激情、才干、经验、不足、伙伴，找到全新的自我，找到全新的道路，直到通往事业的新巅峰。